攀枝花学院自编教材项目资助

景 观 设 计
LANDSCAPE DESIGN

■主编 姜龙 耿晓庆 姜嫄 ■副主编 胡家菊 陆思杰 杨柳

LANDSCAPE DESIGN

西南交通大学出版社
·成 都·

图书在版编目（CIP）数据

景观设计 / 姜龙，耿晓庆，姜嫄主编. —成都：
西南交通大学出版社，2020.6
ISBN 978-7-5643-7465-5

Ⅰ. ①景… Ⅱ. ①姜… ②耿… ③姜… Ⅲ. ①景观设
计 – 高等学校 – 教材 Ⅳ. ①TU983

中国版本图书馆 CIP 数据核字（2020）第 101397 号

Jingguan Sheji

景观设计

主编　姜龙　耿晓庆　姜嫄

责 任 编 辑	杨　勇
封 面 设 计	姜　龙
出 版 发 行	西南交通大学出版社
	（四川省成都市金牛区二环路北一段 111 号
	西南交通大学创新大厦 21 楼）
发行部电话	028-87600564　028-87600533
邮 政 编 码	610031
网　　　址	http://www.xnjdcbs.com
印　　　刷	四川煤田地质制图印刷厂
成 品 尺 寸	185 mm×260 mm
印　　　张	10.25
字　　　数	207 千
版　　　次	2020 年 6 月第 1 版
印　　　次	2020 年 6 月第 1 次
书　　　号	ISBN 978-7-5643-7465-5
定　　　价	48.00 元

PREFACE
前 言

　　从古至今，景观设计都体现了不同时代的不同风貌，具有较强的时代性和审美价值。随着社会经济的发展及生活水平的提高，景观设计已经逐渐深入人们的生活，大到大型公园的规划与设计，小到路边园林景观小品的设计与摆放，无处不在，并呈逐渐精致化的状态。

　　景观设计是集园林、景观、建筑、规划等自然与人文科学高度综合的一门应用性学科。景观之所以在当今社会受到广泛的关注，除了与人们的生活息息相关之外，也与城市和乡村的可持续性发展密切相关，对保护生态环境更具有重要的意义。

　　在人们的居住环境中，景观做得好，不仅对一座城市或一个乡村的外表形象有着美化提升作用，而且对防沙、涵养水泥、吸附灰尘、杀菌灭菌、降低噪声、调节气候和保护生态平衡、有益居民身心健康等方面起着重要的促进作用。

　　景观设计的影响首先体现在视觉效果上，景观主要是通过植物群落、水体、园林建筑、地形等要素的塑造来达到目的，通过营造宜人的、符合人类活动习惯的空间环境，从而营造出舒适、安逸的景观表现环境。

　　本书共分五章。

　　第1章为景观概述，对景观和景观设计的内容进行阐述，纵向分析了国内外景观的发展阶段。因景观的发展历史较长，不同国家和民族的景观在外延和内涵上都表现出了差异性。本章对中国传统园林景观史与欧美景观的源流及发展做了比较详细的阐述。

第2章介绍了景观设计方法，景观设计的艺术处理，对不同风格和分类进行详细的内容对比分析。

第3章介绍了景观设计元素，从景观艺术设计的要素、焦点和附属物三个角度，进行了详细的阐述。

第4章介绍了景观设计表达的方式及手绘技法。随着计算机技术的普及，很多景观手绘工作者都借助计算机进行绘图，但是，传统的钢笔、马克笔、彩铅、水彩等手绘方法仍有非常强的表现力，手绘效果图也成了考查设计水平的途径之一。

第5章作为案例分析单元，结合课程设计和实际项目进行了展示，可供设计参考，同时开拓阅读者的视野。

本书由姜龙、耿晓庆、姜嬿三位老师主编，第1、3、5章（部分）由姜嬿老师编写，第4、5章（部分）由姜龙老师编写，耿晓庆老师编写第2章及统稿。参与本书编写工作的还有胡家菊、陆思杰、杨柳等老师，在此一并表示感谢。其中，姜龙4.2万字、耿晓庆3.8万字、姜嬿7.2万字、胡家菊2.4万字、陆思杰2.1万字、杨柳1万字。本书参考和引用了一些专业书籍内容，在此对其作者表示感谢。书中图例丰富，参考和引用了较多具有代表性的图片，以作教学之用，部分取自网络，做了来源说明，因来源复杂，难免挂一漏万，在此对其作者和相关人员表示诚挚谢意。

由于编者水平有限，书中难免存在不足之处，敬请广大读者批评指正。

编　者

2020年3月

CONTENTS
目 录

第2章　景观设计方法

第 1 章

景观概述

JINGGUAN GAISHU

1.1　景观的含义

对于一门学科而言，只知其名，而不知道这一学科名称的来历，不知道这个学科所涉及的内容，不了解它所包含的类别和实际应用的方式，就有可能曲解或误解它，或者形成盲目的成见，影响对它的深入了解和思考。

景观学科是一个新兴的概念，它的英文对应词是Landscape。景观作为一门学科在中国正式出现的时间非常短，它在当代中国的设立和成长主要是受到现代西方景观建筑学科设立及其教育的影响，以及中国自身早已极其丰富的景观传统在现代情境中的延伸。即使在西方国家，景观这个专业也只有一百多年的正式历史，但是它的前身和来源却非常复杂，它所涉及的问题和基础学科也非常广泛，这一学科的源流是如此深和广，以至于无法用很短的定义来明确和界定。

景观从广义的角度来看，即我们人眼所能看见的一切自然物与人造物的总和（图1-1）。它包括：浩瀚的江河湖海、巍峨的山川峰峦；秀美的江南小镇、古老的哥特教堂；鳞次栉比的都市建筑、热闹非凡的城市广场；意境深远的私家园林、气势恢弘的皇家苑囿；幽静的街角绿地、各种不起眼的构筑物……而本书所指的景观则是一个狭义的概念，即指经人类创造或改造而形成的城市建筑实体之外的空间部分。

图1-1　广义的景观概念即我们人眼所能看见的一切自然物与人造物的总和／卢塞恩

1.2　景观设计的内容

　　我国的空间设计体系包括建筑设计、城市规划设计、景观设计三大类。建筑设计以人工建筑物、建构物为设计对象。城市规划设计以城市空间为规划设计对象，包括城市发展概念规划、总体规划、详细规划、城市设计等不同空间层次、不同单项性质的规划。

　　景观艺术设计是指设计者利用水体、地形、建筑、植物等物质手段，依据使用者的心理模式及行为特征，结合具体环境特点，对用地进行改造或调整，创造出特定的满足一定人群交往、生活、工作、审美需求的户外空间场所。

　　城市规划是指在一定时期内，依据城市的经济和社会发展目标及发展的具体条件，对城市土地及空间资源利用、空间布局以及各项建设作出的综合部署和统一安排并实施管理，对于城市整体宏观层面上的空间资源分配，城市规划起到了决定性的作用。景观艺术设计应在城市规划的总体指挥下，自觉服从其各项指标的约束，从而使其自身融入城市的整体，成为城市的有机组成部分。

　　建筑设计是针对组成城市空间的细胞——单个建筑实体而进行的设计。为人们提供满足工作、生活、学习等需要的室内空间及城市硬质视觉形象，它与景观艺术设计并列，在城市总体规划这一隐形指挥棒的调度下一实一虚、一软一硬、一内一外，相辅相成，共同构成完整的人类人造生活空间场所。

1.3　中国景观发展简介

　　传统中国以农业为本，人和自然和睦相处已经成为农业社会生存发展的必要前提。古人缺乏生物、气象、地质等现代科学的理论和知识，对自然界的认识以一种自然崇拜的形式体现出来，他们在祖祖辈辈经验的流传之下，又总结出了许多认知和改造环境的经验，进而形成了独特的思维方式，也就是我们通常所说的景观意识。传统的景观意识由于掺杂了长期的经验、实践，以及对自然的独特理解，不应该仅仅被看作是对聚居地简单选择和改造的实用过程，而是融入了传统美学、传统先验哲学、传统信仰，并且沿袭着一些几近固化的传承。

1.3.1 中国传统园林美学及山水景观

中国园林美学是传统景观意识的集中体现，从秦汉的皇家园林"苑囿"开始，经魏晋南北朝至隋唐发展出了崇尚自然美的山水园。而后，宋元山水园林、私家园林日益成熟，产生了别具风貌的文人写意园。明清大量的皇家及私家园林的建造形成了一个园林发展的高峰期。在这一过程中，园林已经不是简单的庭院居所的美化了，而是成为一种名副其实的艺术（图1-2、图1-3、图1-4）。中国传统造园家往往也是文人和山水画家，使造园和书法、绘画、诗词成为艺术上的姐妹。我们可以说中国传统园林是一种立体的山水画，也可以说是空间塑造成的诗。作为一种传统的典型景观空间类型，其对于美学的注重，对于意境的营造，远胜于其他类型的景观（图1-5、图1-6）。

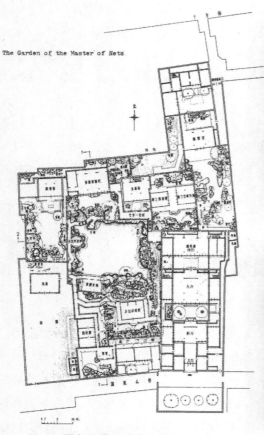

图1-2　网师园（一）（图源自园林学习网）

图1-2　网师园平面图（图源自园林学习网）　　图1-4　网师园（二）（图源自园林学习网）

图1-5　苏州沧浪亭图（图源自园林学习网）　　　图1-6　其他类型景观（图源自园林学习网）

　　从园林的起源和理想模式上看，早在战国时代，民间就已流传很多神仙和仙境的传说，比较典型的有海外仙山"蓬莱、方丈、瀛洲"和"昆仑瑶池"。《史记·封禅书》记载："自威、宣、燕昭使人入海求蓬莱、方丈、瀛洲，此三神山者，其傅在渤海中，去人不远。患且至，则船风引而去。盖尝有至者，诸仙人及不死之药皆在焉。其物禽兽尽白，而黄金银为宫阙。未至，望之如云；及到，三神山反居水下；临之，风辄引去，终莫能至云。"《山海经·海内西经》载："昆仑之虚，方八百里，高万仞……百神之所在，在八隅之岩，赤水之际。"秦始皇在渭水边营建蓬瀛，成为中国园林史上第一个模拟海上仙山的构筑，自此以后，海上仙山这种虚构的幻象，就成为一种理想的风景模式。另外，类似地，佛教中的"极乐世界"的观念，也影响了世俗世界中园林的营造。

　　从园林创作手法上来看，模仿自然并且写意是中国传统园林最为主要的特征之一。中国的古典园林不局限于对自然景观的简单模仿，它的本质是从自然景观中加以提炼和抽象的。造园家要设计和营造的是景像和意境，这一点和中国传统山水画异曲同工，比如山石可以塑造为麓坡、岩崖、峰峦、洞隧、谷涧、瀑布、矶滩等景象，这种手法不是将自然景像按比例微缩而成，而是将其气势和细部加以抽象、重组而成。我们可以在许多成功的园林中看到这种通过空间手法营造出的诗情和画意（图1-7、图1-8、图1-9）。

图1-7　中国传统山石山水画（图源自园林景观网）　　　图1-8　瀑布（图源自园林景观网）

图1-9　中国传统园林（图源自园林景观网）

　　传统的园林美学还渗透到了对自然景观中山水的开发上，名山大川、优美的自然景观等通过点景、建造观景点等方法得到了开发利用。

　　中国的园林模式在日本得到了优秀的传承与发展，逐渐形成一种独特的审美与格局，如中国的一池三山造园格局在日本演变为枯山水中的山水象征布局艺术。日本园林中的景观元素与景观设计手法大多与中国园林相似，其中的优秀实例可以作为学习中国传统园林的借鉴。

　　园林的营造属于中国传统景观意识的具体体现和应用，关于其具体的造景手法，需要在实地体验的基础上，结合历史和理论知识，进行详细了解。（图1-10、图1-11、图1-12）

图1-10　日本园林景观（一）
（图源自园林学习网）

图1-11　日本园林景观（二）
（图源自园林景观网）

图1-12　中国古典园林（图源自园林景观网）

1.3.2　**中国的风水理论**

　　另外，在很多传统村落和城市的选址营造中，风水理论则起到了重要作用。它是一种更宏观地表达中国传统环境理想的理论体系。中国很多传统聚居景观的布局需要诉诸风水理论进行解释，而风水学说确实在一定程度上引导了历史上中国传统聚居景观的形态和发展。

　　经过漫长的农业文明的历史积淀，在传统"天人合一"的宇宙观前提下，中国传统人类形成了着眼点在于人、建筑和自然三者之间关系的风水理论（图1-13）。风水学主要关注的是人类居住环境的选择和营造，包括阴宅和阳宅。《黄帝宅经》记载："宅，择也，择吉处而营之也。"简而言之，人们在构筑城市、村镇、建筑、陵墓时，对基地四周的自然景致、方位、水文的形态进行考察，对环境的优劣吉凶、阴阳调和程度进行判断，寻求

图1-13　建筑风水理论（图源自园林景观网）

最优化的环境因素组合，这些基本上都属于风水学的范畴。这种人工环境和自然环境协同工作的理论使中国传统的城市、村落和建筑的营造与山川河流的自然美，与地方文化的人文美结合了起来。

风水学首先表达了传统先民对自然的尊重，"山川自然之情，造化之妙，非人力所能为也"（《葬经翼》）。"天道作天地之祖，为孕育之尊，顺之则亨，逆之则否。"（《黄帝宅经》）同时，他们也意识到自然天道能为人所揭示并把握利用，承认了人的能动性，所谓"天道必赖于人成"（《管氏地理指蒙》）。在某些情况下，天时不如地利，地利不如人和。其次，风水学进一步表达了先民的朴素自然观。风水学认为：自然的基本要素为"气"，所谓"气"大概可以解释为一种力和场，物质都由金、木、水、火、土再配合以气的清浊状态形成。以此为基础，建筑基址的营造和选择，都应顺应自然大环境，建筑的朝向、体量以及和外界自然的沟通莫不如此，并且利用很多对"生气"的迎、纳、聚、藏等手法来对自然环境进一步细腻地加工，以便形成一种适于居住的微气候和小环境。

风水表达了往昔人们对环境的认知和分析，成为一种自我圆满的解释体系，但是它无法定量定性地分析环境中对人产生影响的各个因素，虽然在传统的环境规划中起到了一定的作用，但是以科学的角度去评析它，仍有相当多的成分显得虚妄和盲从。我们现今对风水学的研究大多基于现代景观设计和生态建筑学的基础之上，以现代科学的方法去提取其中的合理部分，这对我们现代的设计大有裨益。例如风水形势说在视觉感受方面对现代景观设有所启发。风水学指出"千尺为势，百尺为形""形者势之积，势者形之崇""势可远观，形须近察"。形，概指近观的、个体的、局部的、细节的视觉效果。势，概指远观的、群体的、总体的、概括的视觉效果。我们在古人山水画中可以看出形与势的组合关系（图1-14）。现代景观设计中，这种细节和整体形象的感官差异也是非常重要的内容，这种差异的量化，也就成为景观设计的依据。例如环境界面的凹凸、质感、肌理这种属于"形"的内容，轮廓线、体量这种属于"势"的内容，在人流行进的过程中进行动态的组合，远景近景的组合，成为现代景观设计的重要特征之一。

再例如在风水学中提到的"穴"的概念，就是指建筑的基址，总的说来较好的穴"坐得方正，枕山襟水，或左山右水"。建筑选址要考虑周围山水以及日照等自然因素组合成的有机系统。对于水、植物的改造也有助于形成一个适于居住的微气候，"村乡之有树木，犹人之有衣服，稀薄则怯寒，过厚则苦热，此中道理，阴阳务要冲和"。

目前，西方思想文化基本观念也在经历着深刻的变革，东方，尤其是中国的自然观、世界观在世界范围内引起了极大重视。机械自然观正慢慢地向有机自然观过渡，人和自然的对抗关系也慢慢地转化为和谐相处、协调发展的双优关系。在景观设计方面，对传统景观意识的理解越深入，它对现代景观设计的帮助也就越大。

图1-14 山水画中的形与势的组合关系（图源自园林学习网）

1.3.3 中国传统城市景观

中国古代城市发展有两大类型：一为按照统治阶级的意图从政治军事要求出发而兴建的城市，一般布局较为规整；另外一类是由于经济地位在原地不断发展扩建的城市，布局不方正，有一定自发性。照此而言，中国古代城市和西方诸多城市的产生发展并无太大区别，但是从结果来看，却形成了完全不同的城市风貌和景观。

中国传统城市（图1-15、图1-16、图1-17）绝大部分建筑为低层的院落式住宅，宫殿、庙宇、官府等建筑体量较高大。少数为多层建筑，例如佛寺的塔、楼阁，以报时为功能的钟鼓楼以及城防系统的城门、角楼，等等，这些多层建筑在城市景观方面起到非常重要的作用（图1-18）。

图1-15 《盛世滋生图》中的苏州城（一）（图源自园林景观网）

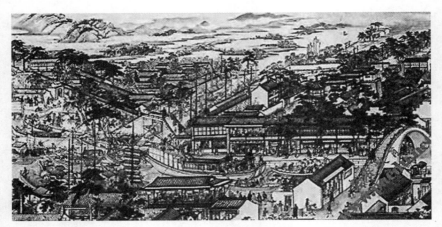

图1-16　《盛世滋生图》中的苏州城（二）（图源自园林景观网）

图1-17　《盛世滋生图》中的苏州城（三）（图源自园林景观网）

图1-18　中国传统城市长安（图源自园林景观网）

例如明清时期北方的规整性城市（如平遥）中，在两条主要街道的交汇处筑有城市里体量最大、高度最高的钟鼓楼或市楼（图1-19），和4个城门遥遥相对，城门、城墙、钟鼓楼成为整个城市的制高点，也是城市形象的代表。辽宁兴城南城门到钟鼓楼一线，布有牌坊若干，形成城市主要的景观轴线，城门和钟鼓楼附近聚集了城市主要商业区，视觉景观焦点和城市生活的活跃区域相互吻合。苏州的报恩寺塔是很多城市街道的对景，这类类似地标的高建筑也就是中国传统城市的景观建筑。再如镇江的金山寺塔、无锡的惠山塔丰富了城市的轮廓线。在这些城市之中，对称、对景、借景、强化视觉轴线等诸多空间设计手法和我们现代景观设计并无不同。在城市发展史上，中国古代城市景观最大的变革是宋代封闭的里坊制向开放街市格局转化，这种深远的变革对于城市面貌影响很大。以市楼、高市墙和市门为重要特征的集中封闭式商业区域已经无法适应新的需要，最终随着城市里坊制度的解体而彻底瓦解，被开放式商业街和店铺所取代。以前城市居民的绝大多数活动是在里坊进行的，街道所起的作用主要是交通和分割里坊。自封闭里坊制解体后，诸多城市生活开始转移到街上。除了城市公共空间之外，古代城市中以自然地貌和人工构筑的环圈状线性元素（城墙、沟堑等城防设施）贯穿的城市边界区域城市生活非常丰富。从景观角度来说，城市边界区域往往有清晰界定的实体形象，是城市商业文明发展活跃的地区，而且具有大量的自然景观和人文景观资源。

图1-19　平遥古城（图源自园林景观网）

目前，我国对中国传统景观的研究还处于起步阶段，其中园林美学的研究起步较早，较为成熟，但是对于风水学、城市公共空间景观、沿江滨水景观、古代风景区的研究基本还停留在感性认识上，缺乏现代科学技术的量化分析。

1.4 世界范围内的古代文明景观

　　景观设计由于其明显的地域性和植物配置的本地化依赖，相对于建筑设计来说，世界化的进程并不非常迅速，仍然较多地保持了各自文化的特色。对于世界古代文明景观的了解就成为景观认知和借鉴的重要部分。

1.4.1 古埃及的景观

　　古埃及影响了欧洲文明在内的诸多文明，贯穿南北的尼罗河每年定期泛滥，使流域内的沉积平原土壤肥沃，孕育了灿烂的古代文化。由于地理原因少有广袤的森林，气候炎热、阳光强烈，所以埃及人很早就非常重视人工培育植被和树木。在这种情况下，埃及人的园艺技术发展得很早。埃及当地主要的植物有棕榈、埃及榕、无花果、葡萄、芦苇等。

　　古埃及人居住的房屋大多是低矮的平顶屋，富人的住宅周边建造有精美的庭院。在底比斯第18王朝的陵墓中，我们可以看到描绘这种庭院的绘画（图1-20），庭院中有矩形蓄水池，池旁还有凉亭供人休息，树木大多成行种植，在庭院中心处还有成排的拱形葡萄架。整个庭院基本上采取规则的几何形对称布局，其中水池是庭院中必不可少的，水池中还种有水生植物，饲养着水禽和鱼类，这可能和古埃及炎热的气候有关。

图1-20　古埃及表现庭院景观的壁画（图源自园林景观网）

在埃及仍然残留的文化遗迹中，最为雄伟壮观的当属金字塔这类大型的人类景观构筑物。在古埃及人思想中，法老是神权的代表，法老的身体之中有着永恒和现实之间的精神纽带。在法老的陵墓建设中，巨大的类似山岳的人工砌体便是这种精神纽带的物质体现。那些巨大的石头纪念性建筑分布在尼罗河岸的一侧，萨卡拉（Saqqara）、达舒尔（Dahshur）和吉萨（Gizeh）金字塔群是其中的典型实例，在三角洲和第二大瀑布之间尼罗河形成了超越自然的连续直线型景观，巨大的人工构筑体和稳定涨落的尼罗河水共同形成了埃及人心目中永恒的秩序（图1-21、图1-22、图1-23、图1-24、图1-25）。

图1-21　吉萨金字塔群（图源自园林景观网）
图1-22　吉萨金字塔群总平面图（图源自园林景观网）
图1-23　司芬克斯雕像（图源自园林景观网）
图1-24　昭塞尔金字塔（图源自园林景观网）
图1-25　埃及神庙（图源自园林景观网）

金字塔采用方锥几何体形，其中吉萨金字塔群可以说是其中最为简洁的。它们几乎都是精确的正方锥形，体量巨大：胡夫金字塔高146.6米，底边长230.35米；哈夫拉金字塔高143.5米，底边长215.25米；门卡乌拉金字塔高66.4米，底边长108.04米。这3座金字塔尺度远远超过了周边的祭祀厅堂和附属建筑，其简洁体形随着尺度的巨大更显恢宏。金字塔的入口处理渲染出浓重的神秘气氛，封闭、狭窄，漫长而黑暗，但是穿过入口狭道进入阳光灿烂的院子后，巨大的金字塔以及其前端坐着的帝王雕像给人心理感受上的反差极大，这是景观心理学中抑扬与对比手法的优秀案例。

金字塔建筑实际的使用空间是很小的，其真正的艺术感染力在于原始的人造体量和周边环境形成的尼罗河三角洲的独特风光。这种简洁的造型和古埃及人的对于山岳等自然景观的崇拜有关。我们从现代景观的设计思维去分析的话，在这样大尺度的平原大漠之中，也只有巨大简洁的体形能够形成独特性和协调性的统一。

1.4.2 古代西亚的景观

古代埃及文明发展的同时，幼发拉底和底格里斯两河流域的美索不达米亚文明也在兴起。两河上游山峦重叠，人们在那里学会了驯化动物、栽培植物，并且开始将聚居区从山区迁往两河流域。和埃及尼罗河的周期性泛滥不同，幼发拉底河与底格里斯河给苏美尔人头脑中留下深刻印象的是洪水泛滥的不确定性，在他们眼中，洪水之神尼诺塔不是慈善的，而是恶毒的神。自然环境的不安全和不可预见使美索不达米亚人的人生观带有恐惧和悲观的色彩。他们自己试图努力消除这种恐惧和不安全感，《汉谟拉比法典》是当时最为杰出的一部法典，目的便是让人民在令人不安的自然环境中能够体验到一丝来自社会和人类自身的稳定和秩序。同样，苏美尔人也在不断地改善自然环境，他们组织起来进行水利建设，这种组织规模很大，超越了一般的家庭或村庄单位，从而促进了城邦的形成，而后分散的城邦又结合成单一的帝国，建都于巴比伦（图1-26）。

两河流域的气候及地理条件和埃及不同，对环境的改造方式也有所不同。埃及的自然环境不适于森林生长，很多

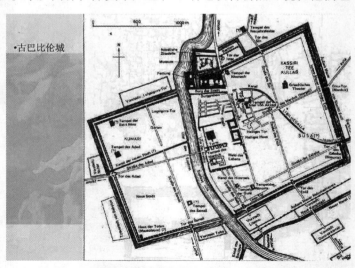

图1-26 新巴比伦城平面图（图源自园林景观网）

绿地景观都是人为建设的，形态是规则的，而两河流域的植被相当多样和发达，人们崇拜较为高大的植物。我们从亚述帝国时代的壁画和浮雕上可以看到当时较为盛行的猎苑（Hunting-park），这是一种以狩猎为主要目的的自然林区。在山冈上建有各式各样的建筑，譬如宫殿、神殿等等，还种有成片的松和柏树。此外亚述王还从国外引进了雪松、黄杨和南洋杉等植物种类。

说到美索不达米亚地区的景观，我们不得不谈谈巴比伦的空中花园。新巴比伦城（New Babylon）是公元前7至公元前6世纪在原巴比伦城基础上扩建而成的。整个城市横跨幼发拉底河，厚实的城墙外是护城河，城内中央干道为南北方向，城门西侧就是被誉为世界七大奇迹之一的空中花园（Hanging Garden）。空中花园毁于公元前3世纪，它的现存资料很少，我们只能从后人的推测和文字记载中对这一奇迹进行了解。空中花园整个花园是建在一个台地之上，高23米或更高，面积约1.6公顷，每边120米左右，台地底部有厚重的挡土墙，厚墙的主要材料是砖，外部涂有沥青，可能是为了防止河水泛滥时对墙体的破坏。在台地的某些地方采用拱廊作为结构体系，柱廊内部有功能不明的房间。整个台地被林木覆盖，远处看去就像自然的山丘。

空中花园的遗址已经无处可寻了，但我们现在仍可以看到美索不达米亚文明的另外一个壮观的文明遗址山岳台（图1-27）。我们前面提到两河流域的居民是从山地迁移而来，他们认为雄伟的山岳支撑着天体，山是神的居所，也是人和神灵交流的媒介。山岳台就是这种类似山体的高台建筑，有坡道和阶梯通达台顶，顶上有神堂等祭祀建筑。乌尔山岳台建造于大约公元前2250年，高21米，外墙由砖砌筑而成，墙面分为两层，底层装饰为黑色，上层装饰为红色；神殿贴蓝色釉面砖，上面穹顶覆盖成金色，似乎是象征着黑暗的地狱、可居住的地球、天国和太阳。

图1-27 巴比伦乌尔山岳台（图源自园林景观网）

1.4.3 古希腊的景观

1954年在维也纳召开的世界园林联合会上，英国园林学家杰里科（G.A.Jellicoe）认为：世界园林史上的三大景观原动力是中国、古希腊和西亚。古希腊是欧洲文明的发源地，希腊的文化孕育了科学和哲学，其艺术和文化对后来的西方世界，甚至全世界都有深远的影响。而古希腊的文明以爱琴海文化为先驱，爱琴海文化先后以克里特和迈锡尼为文化中心。

　　克里特岛位于地中海东部，它的地理位置对于商业贸易来说极为理想。根据考古资料，公元前30世纪初叶，已有来自小亚细亚或叙利亚的外来移民迁到了克里特岛这个盛产鱼、水果和橄榄油的岛屿。历史学家认为：克里特岛人和外界的距离是近的，近至可以受到美索不达米亚和埃及的各种影响；然而同时也是远的，远到可以无忧无虑地保持自己的特点。这点使他们获得了极大的成功，也使克里特岛的文明成为古代社会最优美、最有特色的文明。这种特质在建筑中也可看出，克里特岛上的建筑是敞开式的，面向景观，并建有美丽的花园，显示出和平时代的特点。科诺索斯城的王宫规模宏大，估计是几个世纪里陆续建成的，除了国王的宫殿、起居室，还有众多的仓库和手工业作坊。在城市里，克里特人安装了巧妙的给排水系统，雨季时雨水能顺利地通过下水道流走，下水道的入口很大，足够工匠进去检修。和埃及人不同，克里特岛人似乎没有给他们的神祇建设巨大的纪念碑和雄伟的神庙，而仅仅是在居室中留出数尺见方的场地作为祈祷处。与克里特相比，迈锡尼更加军事化。最多见的建筑形式是军事堡垒，而且显得较为粗糙（图1-28、图1-29、图1-30）。

图1-28　迈锡尼城墙（一）（图源自园林景观网）

图1-30　迈锡尼城狮子门（图源自园林景观网）

图1-29　迈锡尼城墙（二）（图源自园林景观网）

经受了北方民族的连续侵略后，在巴尔干半岛和爱琴海的岛屿上形成了很多小型城邦。希腊地区没有丰富的自然资源，也没有肥沃的沉积平原，无法进行高效率的农业生产。地理条件的制约使它的文化不能采取和埃及与中国一样的方式进行大规模农业发展，所以没有将原来小规模村落的形态打破，而是出于防卫的需要，很多村落建在易于防卫的高地附近，并且在高地上建造神庙，这些神庙也可当作受到攻击时的避难处，这种村落扩大的居留地变成为"城邦"。所以和埃及与西亚完全不同，我们可以看到的希腊人工景观遗址大多是卫城。

雅典卫城是当时雅典城的圣地，也同时是我们现在意义上的城市中心。雅典卫城位于今雅典城西南的小山岗上，山顶高于平地70～80米，东西长约280米，南北最宽处为130米，由雕刻家费地负责其中的建筑和雕塑。卫城中主要的建筑有山门、胜利神庙、帕提农神庙、伊瑞克先神庙和雅典娜雕像。卫城中建筑和雕塑不是遵循简单的轴线关系，而是因循地势建造，并且在建造时充分地考虑了祭祀盛典的流线走向，考虑到人们从四周观赏时的景观效果。无论你从海上，从城市中，或者是在卫城周边的地方去观赏它，卫城其中建筑体量之间的组合，以及卫城和周围平原、山丘之间的关系都是非常独具匠心的。整个卫城是在一段时间里逐渐建设完成的，在这其中积累和表现出了古希腊人的视觉艺术和景观的直觉与创造力（图1-31、图1-32、图1-33、图1-34、图1-35）。

古希腊的民主思想盛行，促使很多公共空间的产生，圣林就是其中之一。所谓圣林就是指神庙和周边的树林以及雕塑等艺术品形成的景观。树木最早运用到神庙周边可能是起到围墙的作用，阿波罗神庙的周围宽60～100米的裸露地被确认为圣林的遗址。在某些地方，祭祀活动当天还要举行运动比赛，优胜者可以获得将自己的雕像装饰在圣林中的荣誉。

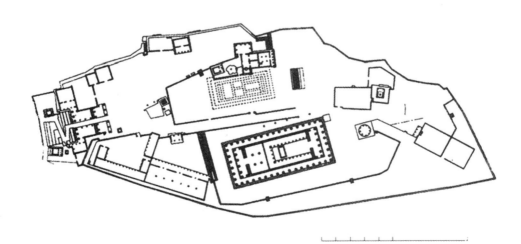

图1-31　希腊雅典卫城总平面图（图源自园林景观网）

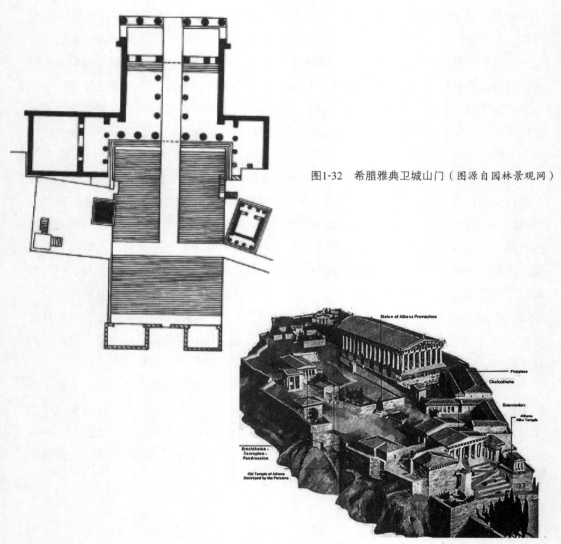

图1-32 希腊雅典卫城山门（图源自园林景观网）

图1-33 雅典卫城（图源自园林景观网）

图1-34 雅典卫城伊瑞克提翁神庙（摄影：姜嫄）

图1-35 帕提农神庙（图源自园林景观网）

另外还有一类比较重要的公共活动场地就是体育场、剧场（图1-36）。公元前776年，在奥林匹亚的运动场上，各城邦达成一致的协议，相互之间不应再有战争，而应采取体育比赛这种形式作为和平、竞争的象征，胜利者将冠以橄榄枝编成的花环。体育场依山而建，周边橡树、白杨和悬铃木茂密成荫。后来，这种运动场也向公众开放，最终发展成了和现代公园功能相近的开放场地。柏拉图创建的学园（Academy）后来也成为体育场，它的道路两旁种着灌木，以悬铃木为行道树。场内还有祭坛、坐凳和园亭等建筑物。体育场对公众开放使环境变得吵闹，很多人开始向往私人庭院，柏拉图、伊壁鸠鲁也将其学园迁到了自己的私园。但是从现存的运动场的遗址来看，其与周边环境的关系、自身表达的秩序、所形成的优美风景和所表达的古希腊民主与开放的魅力都使它成为古希腊时期非常重要的景观。

图1-36 希腊雅典阿迪库斯剧场（图源自园林景观网）

1.4.4 古罗马的景观

约公元前500年，罗马成为独立的城邦。在之后短短的几年内，罗马征服了周围的民族，将势力延伸至亚平宁山脉到海岸的整个拉丁平原。到了公元100年，古罗马帝国已经成为一个历史上罕见的强大帝国，在它的版图内聚集了多种民族和风土人情，也同样建成了多样的景观（图1-37）。

图1-37　古代罗马疆域示意（图源自园林景观网）

古罗马在奴隶制国家历史当中显得格外辉煌，它的城市规划、建筑、景观比起以往有了巨大的发展，所有这些都成为丰富的文化遗产。古罗马君主奥古斯都的军事工程师维特鲁威所著的《建筑十书》是当时建筑技术发展的证明。《建筑十书》除了总结建筑设计原理、建筑材料、建筑构造等内容外，还提到了建筑物和城市、道路、地形、朝向、光照、风向、水质等诸多因素的关系，并且谈到了城市规划的基本原理。罗马鼎盛时期，其版图内的城市数以千计，形成了多样化的城市景观。古罗马城是帝国时期最为伟大的城市，占地5 000英亩（1英亩≈4 046.86平方米），人口可能一度超过100万，人口密度很大，这样的规模在当时是非常少见的。城市里的贫富差距也极大，穷人居住在拥挤的房屋里，没有任何卫生设备，街道上没有照明设备，富人大多有自己的别墅，有精心设计的庭院。考勒米拉（Lucius Junius Moderatus Colu-mella）在其所著的《林泉杂记》中描述了他在卡西努姆别墅的所见，有小河流水，河中有小岛，岸边有整洁的园路，极富自然情趣，建筑物有书斋、禽舍、柱廊和园厅。古罗马庭院植物多用马鞭草、水仙、罂粟，等等，在庭院中还大量地建有喷泉和设计精巧的雕塑。

兰奇阿里（Lanciani）教授认为奥古斯都曾对罗马城市做过初步规划，将罗马划分为4个地带：建筑物密集的地区为第一地带；在其外侧是建筑物稍少，但有充分余地可供建造庭院的第二地带；能建造更大住宅，地处都市外缘的别墅地带是第三地带；第四地带则是可供建造大型别墅所用的地带。在第四地带，兴建了很多富豪官僚、诗人学者的别墅。整个罗马城供水的渠道有多条，大部分是供给富人的别墅、公共浴室和喷泉。古罗马诸多给排水工程中最引人注目的是大型输水道。古罗马时期在法国普罗旺斯省境内建起的加尔大桥（Pont du Gard）是3层拱桥型输水道，长约274米，水槽高出河面48米，是31英里（1英里≈1.61千米）长的输水道的一部分，它将水以1：3 000的坡度引向尼姆斯。整个大桥用方石砌成，虽然体量庞大，但是运用了拱券技术使大桥轻盈地跨过了山谷。虽然它并非是以观赏为主要目的的建筑物，但是它的造型给人们留下了无与伦比的美感（图1-38）。

图1-38 加尔大桥（图源自园林景观网）

　　接下来我们要谈到的是古罗马时期城市建设中一个非常重要的内容——广场建设（图1-39、图1-40、图1-41）。古罗马广场的发展是经历了从简单开放场地到有完整围合空间的过程。最初广场的功能是买卖和集众，偶尔也作为体育活动场地。刘易斯·芒福德在《城市发展史》中写道"庙宇（图1-42）无疑是罗马广场最早的起源和最重要的组成部分，因为自由贸易所不可缺少的'市场规则'，是靠该地区本身的圣地性质来维持的。"维特鲁威在《建筑十书》中就已经提出了广场设计的若干准则，例如：广场的尺度需要满足群众的需要，可以将广场设计为长宽比为3：2的长方形。柱廊、记功柱、凯旋门（图1-43）将古罗马的广场装扮得富丽堂皇，广场集中体现了那个年代严整的秩序和宏伟的气势。罗马市中心的广场群就是这样一个空间，它充分利用柱廊、记功柱、凯旋门等元素塑造了威严的气氛，而成为帝王个人崇拜的场所。广场群中包括纳沃纳广场、奥古斯都广场、凯撒广场、图拉真广场。图拉真广场为其中最为重要的广场，沿着中轴线不同尺度的空间串联在一起，形成了不同层次的空间感受，而图拉真记功柱和图拉真骑马铜像则点明主题，又形成了景观空间的焦点。广场的设计人是大马士革的阿波罗多拉斯（Apollodo-rus）。

图1-39　罗马努广场萨杜努神庙遗迹
（图源自园林景观网）

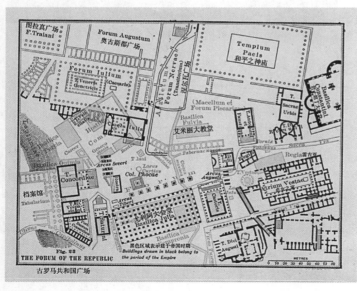

图1-40　罗马中心广场群平画图
（图源自园林景观网）

图1-41　图拉真广场透视图
（图源自园林景观网）

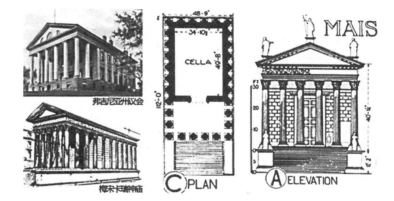

图1-42　古罗马尼姆的梅逊
　　　　卡瑞神庙（图源自
　　　　园林景观网）

图1-43　古罗马的凯旋门
（图源自园林景观网）

1.5 欧美景观的源流及发展

1.5.1 中世纪欧洲的景观

公元330年，罗马皇帝君士坦丁将都城迁至东部的拜占庭，命名君士坦丁堡。公元395年，罗马分裂为东西两个帝国，西罗马帝国定都拉文纳（Ravenna），后为日耳曼人所灭，东帝国以君士坦丁堡为中心，几经盛衰，1453年为土耳其人所灭。

欧洲地处欧亚大陆的西端，历史学家斯塔夫里阿诺斯认为这种相对的遥远是欧洲在公元1000年后没有经受侵略的原因之一。同时，欧洲拥有着有利的自然资源，地中海盆地气候温和，河流终年水量充足，曲折的海岸线提供了良好的运输条件。富含矿物资源的山脉也并没有严重地阻挡陆上交通。由于奴隶制的废除和封建制度的建立，比起古希腊和古罗马来说，生产技术得到了很大的进步，甚至比古希腊和古罗马时期加起来还要多。

在罗马灭亡到公元1000年左右，教会极力宣扬禁欲主义，并且只保存和利用与其宗教信仰相符合的古典文化，而对那些更为人性化和世俗的文化加以打击，磨灭了古代文明，禁锢了文明发展，在这一时期不可能产生文学艺术和学术杰作。历史学家们称这个时期为"信仰的年代"。

中世纪的城市建设因为国家和地域的不同而千差万别，但是总体水平却有了很大的发展。城市和乡村之间的差距并不是很大，距离也很近，伦敦的市民可以在城市附近的森林中打猎，也可在附近的河畔钓鱼。良好的环境助长了人们室外活动的热情，同时户外活动的发展也对室外环境提出了要求。刘易斯·芒福德描述了当时城市绿地和公园中那种惬意的气氛："中世纪城镇可用的公园和开阔地的标准远比后来任何城镇都要高，包括19世纪的一个浪漫色彩的郊区，这些公共绿地保持得最好的，如莱斯特（Leicester），后来就成为能与皇家苑囿媲美的公园……人们在屋外玩球、赛跑、练习射箭。"可见，中世纪的很多小城镇在发展规模和环境质量之间求得了一个非常好的平衡。但是人口密度的增加、城市的扩张最终将破坏这一平衡。

就城市环境而言，当时总结了很多经验，形成了与古罗马情趣各异的城市景观。那时的居民避免将城市街道建得又宽又直，阿尔贝蒂认为：中世纪的街道像河流一样，弯弯曲曲，这样较为美观，避免了街道显得太长，城市也显得更加有特色，而且遇到紧急情况时也是良好的屏障，弯曲的街道使行人每走一步就看到不同外貌的建筑物。这种城市的情趣的确是古希腊和古罗马城市无法比拟的。杰弗瑞（Geoffrey）认为当时的宗教气氛给了很多景观象征主义的意味，情感而非理智的中世纪景观对于其后景观有两个方面的主要影响：①成为18—19世纪浪漫主义的灵感；②成为非对称构图的美学标准及指导。

中世纪的城市中教堂成为最为主要的公共建筑（图1-44），也成为最能体现当时建筑成就的遗产，诸多教堂对丰富城市的天际线起到了很大的作用。法国北部的蒙特圣米歇尔（Mont St Michel）修道院将一个小岛装扮成构图优美的圣地（图1-45、图1-46、图1-47）。意大利中部的阿斯日（Assizi）是意大利城市之外最伟大的景观，其中的城镇、教堂和群山平原一起组成了一幅美丽的图画。

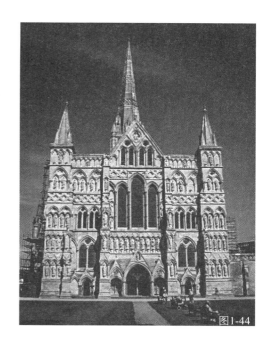

图1-44 英国索斯伯里大教堂
　　　 （图源自园林景观网）
图1-45 法国蒙特圣米歇尔修道院鸟瞰
　　　 （图源自园林景观网）
图1-46 法国蒙特圣米歇尔修道院远景
　　　 （图源自园林景观网）
图1-47 法国蒙特圣米歇尔修道院海滨沙堡
　　　 （图源自园林学习网）

1.5.2 文艺复兴时期的景观

随着欧洲资本主义的萌芽，生产技术和自然科学都得到了巨大的发展，同时，思想文化方面也同样突飞猛进，以意大利为中心的"文艺复兴运动"便是其中之一。文艺复兴虽然表面上是知识分子对古典文化的重新审视和复兴，但其实质却是资本主义萌芽带来的思想文化变革。人们逐渐摆脱了教会和封建贵族的束缚，人文主义成为很多思想家和艺术家所倡导的意识形态，他们要求尊重人性、尊重古典文化、尊重古代贤哲般的完美人格。思想和个性从多年宗教的权威压迫下解放出来，人们重新审视古代希腊和罗马给人们留下的文化遗产，也注意到了自然界所具有的蓬勃生机。在这种历史背景下，无论是城市建设、建筑还是景观设计，都上升到了一个新的高度，并且对今天依然有着深刻的影响。

文艺复兴的中心是意大利的佛罗伦萨，这是一个14世纪开始因毛纺织业而发达繁荣的城市（图1-48、图1-49）。很多富裕的新兴阶层成了这座城市的主角，美迪奇家族一度占据了统治地位，他们召集和培养了相当一批人文主义学者和艺术家，但丁（Alighieri Dante）、彼特拉克（Francesco Petrarca）、薄伽丘（Giovanni Boccaccio）为其中的佼佼者。

图1-48　从圣玛丽教堂俯瞰佛罗伦萨城（图源自园林景观网）

图1-49　佛罗伦萨廊桥（图源自园林景观网）

　　在城市建设方面，阿尔贝蒂重新审视了维特鲁威的城市理论，主张应从城市的环境因素合理地考虑城市的选址和选型，如地形、土壤、气候等，主张用理性原则来考虑城市建设。与此同时，富有阶层大量地建造私有别墅，这种行为刺激了园艺学的发展，古罗马的园艺成果成为设计师们学习、效仿和总结的对象。13世纪末克里申吉（Pieto Crescenz）所著的《田园考》（Opus Ruralium Commodorum）被翻译成意、德、法几种文字，这本书中将庭院分为3个等级，并且详尽说明了上层社会的园林设计，他提出：庭院面积以20英亩较恰当，周围应有围墙，南侧要设置美丽的宫殿，成为有花坛、果园、鱼池的安适住所；北侧要有绿荫，还可以防止风暴的袭击。阿尔贝蒂1434年所著的《论建筑》中也谈到了他理想状态的庭院构思：用直线将方形庭院分割成几个小区，满铺草坪，用修剪成形的黄杨、夹竹桃、月桂等植物围边；树木种成直线状的一列或三列；在园路的末端建造古老式样的凉亭；以蔓藤缠绕的绿廊来形成绿荫；沿园路散布石质和陶土烧制的花瓶；花坛中央用黄杨做成庭院主人的名字；绿篱每隔一定距离修剪成壁龛状，里面设置雕塑；中央路的交叉处建有祈祷堂，周围为月桂绿篱；祈祷堂附近有迷园，其式样是由大马士革蔷薇的藤蔓缠绕成的绿荫；在有落水的山腰，造成凝灰岩洞窟，洞窟对面设有鱼池、牧场、果园和菜园。我们从其中可以看出，阿尔贝蒂的理想庭院模式多多少少受到了古罗马别墅式样的影响。

　　这一时期的城市景观杰作中最为引人注目的就是威尼斯水城（图1-50、图1-51、图1-52、图1-53、图1-54），其城市景观、自然景观都以河流为线索串联起来，一切都显得开朗活泼。形成于文艺复兴时期的圣马可广场为世界上最卓越的城市开放空间，广场东段是11世纪建造的拜占庭式的圣马可主教堂，北侧是旧的市政大厦，南侧为斯卡莫奇设计的新市政大厦，底下两层仿造圣马可图书馆的式样，上面的3层和旧市政大厦相呼应。主广场是梯形的，长175米，东边宽90米，西边宽56米，面积为1.28公顷，与之相连的是总督府和圣马可图书馆之间的小广场，南端向大运河口敞开。两个广场相交的地方有一座方形的100米高的塔，这座塔成为圣马可广场，乃至整个威尼斯的象征。和我们国内的很多广场相比，圣马可广场的面积和规模都不大，但是广场上总是洋溢着节日般亲切热烈的气氛，似乎保持了永久的活力。这可能就是这个"欧洲最漂亮的露天客厅"的迷人之处。

图1-50　威尼斯鸟瞰（图源自园林景观网）

图1-51　威尼斯圣马可广场远景
（图源自园林景观网）

图1-52　维贡府邸的庭院
（图源自园林景观网）

图1-53　威尼斯大运河鸟瞰
（摄影：姜嬿）

图1-54　威尼斯的贡多拉
（摄影：姜嬿）

16世纪下半叶，人们的审美情趣也发生了转变，在设计上出现了和严谨的古典样式相对照的巴洛克风格。这种倾向追求烦琐的细部表达，追求一种豪华感，打破整齐划一的形式，追求运动的充满戏剧色彩的效果。这种戏剧效果的追求是以观赏者的视线为基础的，常常运用空间造型手法使观赏者产生错觉，那个时期的设计师醉心于光影和透视变换带来的乐趣。在城市开放空间设计上，米开朗基罗的卡比多广场（Capitol）是这种风格的先驱，罗马的圣彼德广场也是杰出的实例（图1-55）。另外，在庭院设计方面，巴洛克时期很多水景的营造手法是独创的（图1-56、图1-57），喷泉的种类和造型更加多样化，有些还利用水的声响追求戏剧效果，和游者开玩笑。这一时期的树木修剪也和以往不同，更加追求动感和变化，更多采用不规则的修剪，使植物变得光怪陆离、新奇有趣。

巴洛克式的景观给观赏者带来了戏剧般的视觉效果，同时，它对光学和透视的灵活运用对现代景观设计而言，仍然是很好的范例。

图1-55 梵蒂冈圣彼德大教堂广场（图源自园林景观网）

图1-56 意大利兰特庄园（Lante Villa）花园巴洛克水景（图源自园林景观网）

图1-57 意大利莫罗喷泉（Moro Fountain）（摄影：姜嫄）

1.5.3　法国 16—18 世纪的景观

　　法国政治和文化的中心是巴黎，塞纳河（Seine）和罗瓦河（Loire）贯穿了巴黎盆地，整个盆地属于起伏平缓的谷地，气候属于大西洋—欧洲气候，夏日温暖而适于植物生长。15—16世纪，法国几次入侵意大利北部，接触到了意大利文艺复兴文化，他们带回了大量的文艺复兴时期的艺术品，甚至工匠和艺术家，这些作品和人对于接下来100多年法国的文化和艺术变革起到了很大的作用。17世纪下半叶，法国文化艺术的主流古典主义，培根（Francis Bacon）和霍布斯（Thomas Hobbes）为代表的唯物主义经验论和笛卡儿（Ren é Descartes）为代表的唯理论在当时有深刻的影响。

　　在建筑风格上，相当长的一段时间内，古典主义和巴洛克风格的相互交锋使这段历史饶有意味。17世纪60年代卢浮宫设计竞赛中，法国宫廷放弃了大名鼎鼎的贝尔尼尼的巴洛克风格方案，而采取了勒伏（Louis le Vau）、勒勃亨（Charles le Brun）等设计的古典主义作品，这一事件象征着法国古典主义建筑的胜利。而卢浮宫东面，也就成了法国最伟大的古典主义作品和那个时代的见证。

　　在16世纪末和17世纪初的法国庭园设计中，风格还是意大利风格的延续。虽然很多城堡的总体布局和建筑风格并没有向开放型转变，但庭院的细部还是受到了意大利风格的影响，例如一些城堡界河变成了有装饰意味的水体，驳岸也经常被植被装饰起来。很多别墅的庭院设计则更好地和建筑结合了起来。当时，庭院的中轴线往往是建筑轴线的延伸，当园艺设计师不能很好地领会建筑风格的精髓时，很多雇主宁愿让建筑师来进行一体化设计。在法国的北部，在地形允许的情况下，意大利的台地式园林被大量采用。17世纪的法国，仍然有很多园林表现了人们对巴洛克风格的偏爱，通过喷泉、灌木来表现一种透视和运动的态势。与意大利不同的是，法国很多园林在设计上手法更加统一和细致，许多被分割成单元的绿地周边都用修剪整齐的花卉和绿化或者沙石加以限定，绿地往往被装饰成蔓藤图案，波斯人将这些花卉和植物组成的图案编制在地毯上，摆放在室内，而法国人则运用真实的植被材料将其装饰在庭院的中央。

　　这一时期对后世景观设计影响最大的应当数17世纪法国勒·诺特式造园风格的形成。法国的景观在意大利的影响下延伸出了自己特有的风格，这种风格代替了意大利台地园而成为欧洲景观设计的典范。勒·诺特出生在巴黎的一个造园世家，早期在绘画方面的训练和与艺术家们的接触，使他对于庭院艺术有了独特的见解，而在贵族家庭中的园艺师经历使他对于园艺知识非常了解，并且有机会接触到当时的达官显贵，有机会展示他非凡的才华。他的处女作是孚·勒·维贡府第的庭院设计，庭院工程早于建筑设计4～5年开始，可见当时庭院设计对于整个府第的风格和布局都举足轻重。这位设计师的才华在这个作品中得到了充分的发挥，但是府邸主人却因为过于奢华而断送了政治前程。此后这位设计师的才华得到了路易十四的赏识，并委任他为宫廷造园师。在勒·诺特担任宫廷造园师期间，他主持设计了凡尔赛宫庭院设计（图1-58、图1-59、图1-60）。

在这个项目中，一个独立统一的整体出现在人们眼前，醒目的是平面上的大三角和十字运河，布局渲染出了法国帝王的权威和辉煌。其中还点缀着很多名家精雕细刻的雕塑和喷泉，整个设计最为特色的轴对称树林使凡尔赛宫成为当时最为伟大的杰作，并且使法国勒·诺特式景观园林（图1-61、图1-62、图1-63、图1-64）以不可抗拒的魅力征服了整个欧洲。格弗里（Geoffrey）教授总结了勒·诺特在景观园林构图上的原则：①花园不再仅仅是宅邸的延伸，其本身已成为大片用地构图的一部分；②三维实体与中心对称的二维几何平面相对应，并兼顾地形；③用修剪过的篱笆作为空间限定，树木秩序排列；④通过水中倒影和向外无限延伸的林荫大道，将天空和周围环境融为一体，符合巴洛克式建筑特点；⑤尺度随着退离宅邸的距离而放大；⑥用雕塑和喷泉等艺术品来增添节奏感，并突出空间重点；⑦利用视觉心理引导人的视线积聚，而不是强加于人，利用引起视错觉的装置使视觉变得饶有趣味；⑧外观具有整体感，引人入胜，注重花园各部分细部的对比。

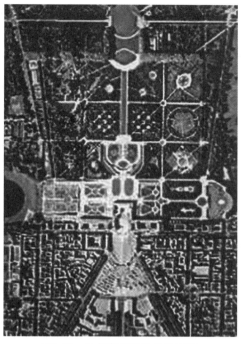

图1-58 凡尔赛宫园林总平面图
（图源自园林景观网）

图1-59 凡尔赛宫园林水池雕塑（一）
（摄影：姜嫄）

图1-60 凡尔赛宫园林水池雕塑（二）
（摄影：姜嫄）

图1-61 沃勒维贡特府邸花园（图源自园林景观网）
图1-62 王冠喷泉（图源自园林景观网）
图1-63 海格力士雕像（图源自园林景观网）
图1-64 勒·诺特设计的凡尔赛宫园林透视图（图源自园林景观网）

1.5.4 中国学派

　　从公元1700年左右开始各种文明之间文化交流变得相当普遍，这一潮流也影响到了景观设计，17—18世纪欧洲兴起的中国学派景观热就是其中较为突出的一个实例。

　　我们这里所要谈到的中国学派，主要是17—18世纪中国同时代的景观作品与风格流传和介绍到欧洲（尤其是英国和法国）时，引起了当时欧洲景观设计师的关注和思考，在当时的景观设计中体现出一种对中国古典园林效仿的倾向。也许这个异域风格的流行只是暂时的，并且实例也并不普遍，但是有两点使得我们应该对这种现象加以重视：第一，这是景观文化传播一个很有意思的代表，它促使我们关注一个长时间来潜移默化的现象，它使原来在背后的倾向更加明确和表象化了；第二，中国流派的形成客观上促进了当时欧洲园林反规则运动的发展。

　　中学西渐是一个漫长的过程，通过丝绸之路古罗马的贵族可以穿上中国的丝绸，同时四大发明也极大地促进了他们的科学技术发展，但是在16世纪以前中学西渐基本上停留在工艺和科技层面的，尚未涉及文化和观念方面。16世纪末开始的4个世纪以来，中学西渐达到了一个新的高潮，而这次高潮和以往不同的是，在欧洲渐渐脱离中世纪的文化观念而产生观念危机的时候，中国文化的介入对欧洲文化的发展产生了不可忽视的影响。而中国古典园林风格的传入实际上是在这个大背景下东方的浪漫美学的传入。

在意大利和法国园林风靡欧洲的时候，通过一些研究中国学者的介绍，中国园林传入英国。率先称颂中国园林之美的是著名政治家威廉·坦普尔爵士（Sir William Temple），他在《论埃皮克鲁园林》（*Gardens of Epicurus*）一文中提道："我们的建筑和园林之美主要靠一定的比例，对称统一、整整齐齐，而中国人瞧不上这种做法，他们最用心的地方在于把园林布置得极美丽动人，而不易看出各部分是怎样糅合在一起的，虽然我们对这类的美毫无所知，但是他们一眼看上去对劲，就会说绝妙，或者其他的词汇。"在此之后塞特尔（Elkanah Settle）出版的歌剧中也开始以中国花园作为背景。英国学者罗勒斯·沃尔波尔在给朋友的书信中写道："全国各地面貌焕然一新；人人都在美化自己的庭院，他们不再给园林花圃围上墙垣和高高的篱笆，路过的人都能欣赏到园林中的花木，散布园中的建筑物、庙宇、桥梁等一般都是哥特式的或中国式的，新颖别致，令人喜爱……"（图1-65）

图1-65　中国花园（摄影：姜嬿）

在介绍和传播中国园林美学的过程中最为主要的人物是威廉·钱伯斯（William Chambers）。1757年，钱伯斯发表了《中国建筑、家具、服装、机械和器皿的图案设计》（*Design of Chinese Buildings, Furniture, Dresses, Machines and Utensils*）。他在一篇题为《寺庙、房屋、园林及其他》的文章中写道，中国园林的艺术精华是师法自然，范本就是自然，目的是要模仿自然的不规则之美。1772年，他又发表了《东方园林概论》，推崇中国的造园家远远超出了园艺家或者是园丁，而是画家和哲学家，而将英国很多园艺师贬低为"培养莴苣的能手"。虽然钱伯斯的著作问世时，中国热已渐渐消退，但是他所提倡的自然化、不规则、浪漫的园林风格在后世的英国影响甚广。

1.5.5　英国式流派

意大利园艺师曾有一句行话说："种植的植物应该反映建筑物的形式。"他们事实上已经以建筑物的形态为范本去设计园艺植物。18世纪之前，严整的几何构图已经在英国开始运用了，英国设计师除了大量运用法国式的严整几何构图外，还非常强调具有本国特色的大草坪和砾石铺成的步道。

18世纪之后，人们将目光转向了自然风景，他们发现自然风景比规则的几何形更容易打动人，这种审美观的转变直接影响到设计风格。亚历山大·蒲伯（Alexander Pope）和约瑟夫·艾迪逊（Joseph Addison）开始质疑将具有生命力的植被修剪成石砌体一样的规整形状是否适当，并且倡导对自然形式的保留和运用。

另外一位油画家和建筑师威廉姆·肯特（William Kent）更加明确地反对那种经过人工雕琢的、几何对称的景观。他和伯灵顿伯爵（the Earl of Burlington）于1734年设计建造了切斯维克住宅（Chiswick House）的庭院，在这个庭院中大量地运用蜿蜒的流水和不规则的步道。作家霍瑞斯·瓦尔波尔（Horatio Walpole）曾经评价威廉姆·肯特的原则是"大自然憎恨直线"。这种更加令人轻松的景观设计风格在英国发展得相当快。白金汉郡的斯道园（Gardens of Stowe）是这一风格变迁的实例，斯道园最初被圈定成规则的形状，在之后进一步的设计中，慢慢地调整为自然形态。在斯道园中树木呈自然形态生长，水汇集成自然形态的湖泊，最终形成了规则式中央大道的创作技巧和田园趣味兼备的园林（图1-66、图1-67、图1-68、图1-69、图1-70）。

图1-66　斯道园平面图
（图源自园林景观网）

图1-67　能人布朗将斯道园改造成自然式景观
　　　　（图源自园林景观网）
图1-68　斯道园的大面积草坪
　　　　（图源自园林景观网）
图1-69　斯道园湖景及仿罗马式石桥
　　　　（图源自园林景观网）
图1-70　纽约中央公园历史图片
　　　　（图源自园林景观网）

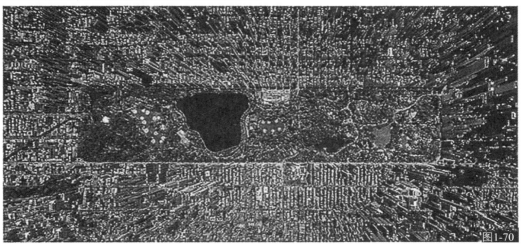

　　自然式风景园林的广泛出现和地产权的壁垒分明格格不入，为了既能明确地区分地块的界限又可以使风景自然的延续，威廉姆·肯特发明和设计了一种叫哈哈（ha-ha）的地渠。这种地渠取代了原有的栅栏，以一种隐蔽的方式分割了地块，同时也避免了牲畜进入园林破坏植被。

　　英国式自然风景园林的兴起和发展加速了英国景观从古典主义向浪漫主义的转化，

在当时受到了很高的评价。其代表人物威廉姆·肯特也被尊称为"现代造园之父"。他所创造的是一种综合的设计手法，这种手法后来演化成很多相异的流派。霍瑞斯·瓦尔波尔将其总结为以下几类：①装饰性农场，将有使用价值的场景上升到艺术的领域；②森林园，连环画式的风景园，这是画家学者和艺术爱好者的天地；③与庄园园圃连接的花园。能人布朗（Capability Brown）继承和发扬了威廉姆·肯特的自然风景式园林，并将其变得更为理性。之所以称呼其为"能人"，因为他在很多方面表现出一种完善和改进的能力。他非常注重景观中自然优美的曲线，此外，他经常会在设计中通过一些小雕塑和少量建筑的运用强化起伏绵延的曲线。他的很多作品中包含了大面积的草坪、不规则的水体以及自由分布的单株的和丛植的树木。

与此同时，布朗的自然美学受到了以威廉姆·吉尔平（William Gilpin）为首的一些景观设计师的抨击。很多新英国学派园艺学校的拥护者反对几何规则的构图形式，但是对布朗的自然主义也不以为然。他们认为布朗的设计和规则几何形同样不自然，浪漫主义的精神使他们更加关注景观所表现出来的戏剧性和怪诞。他们认为景观设计的目标是创造意外和惊喜，通过各种手法来唤起人的各种视觉感触，例如：庄严、崇高和恐惧。这种思潮导致了在18世纪的一些园林作品中出现了很多中国式和哥特式的元素，诸多流派杂糅一体成为一种非常流行的风格。

这种风格1760年后就在英国销声匿迹，但是在欧洲其他国家却受到了欢迎。意大利人不惜破坏文艺复兴式风格的园林去营造这种趣味。在法国，雕塑"阿波罗和年轻女神"被从古典的平台上挪到了一个装饰成土耳其风格的帐篷下面，为了使其看起来像是置于粗糙的山洞之中。

欧洲的景观设计流派多元化的倾向似乎在这一时期显露无疑，并且在各种美学倾向和地域性的基础上，也多少流露出世界化的倾向。尽管如此，正如我们前面所提到的，景观设计相比建筑设计仍然很好地保留了自身的独特性。吸取异域的营养较为多见，完全照搬其他风格的还是很少，这可能与园艺技术的差异性有很大关系。

1.5.6　欧美的近现代景观发展历程

19世纪似乎是一个非常复杂的时期，法国大革命以及滑铁卢事件给社会带来了一些变革。一些自然科学，如地质学、生物学和化学飞速发展；大机器的生产开始慢慢地对社会结构带来改变；人类与自然之间的关系似乎发生了些微妙的变化；一些反叛传统体制的思想也慢慢地滋生。

18世纪晚期，世界贸易的高速发展和旅游热的兴起似乎唤起了人们逃避现实追求浪漫环境的幻想，各个国家都充满了各种奇特的和杂糅了各种风格的建筑物。同时，在欧洲兴起了一种在景观设计中追求异国情调的潮流。在此之前，无论意大利的文艺复兴式园林、法国的巴洛克式园林、17世纪英国那些布满大草坪和卵石步道的园林，抑或是布朗式的经过精心设计的公园都很少会大量地运用花卉植物。当园艺科学发展到相当成熟的时候，园林里出现了很多形态各异的各色花卉。这种花园式的景观要求设计者对植物的维护和特性有足够的专业知识，以前景观设计师大量地由建筑师、画家、知识分子等业余爱好者来担任，这时候就需要更专业的园艺师。但与此同时，这种进口的奇花异草的大量泛滥却给当时的审美情趣带来了消极的影响。

在世界的另一个大陆：北美，美国独立革命建立了一部自由宪法。和创造新的秩序、垦荒以及扩展生存空间相比，那里的人似乎并没有把很多精力和时间放在新奇时髦的景观设计上，所以和欧洲相比起来，北美的装饰性园林发展相对缓慢和落后。那些拓荒和征服新领地的人们对古典的几何规整型的景观似乎显得比较热衷。

19世纪，西方城市工业化发展非常迅速，也使城市聚居条件迅速恶化。刘易斯·芒福德的《城市发展史》中详细地描述了当时欧洲的城市面貌：一个街区挨着一个街区，排列得一模一样；街道也是一模一样，单调而沉闷，胡同里阴沉沉的，到处是垃圾；到处都没有供孩子游戏的场地和公园；当地的居住区也没有各自的特色和内聚力。窗户通常是很窄的，光照明显不足。某些收入较高的人住在较为体面的居住区里，也许住在一排排的住房中，或者住在半独立的住宅里，宅前有一块不太干净的草地，或者在狭窄的后院有一棵树，整个居住区虽然干净，但是有一种使人厌烦的灰色气氛。比这更为严重的是城市的卫生状况极为糟糕，缺乏阳光，缺乏清洁的水，缺乏没有污染的空气，缺乏多样的食物。这些情况引起了城市规划师的高度重视，奥地利城市规划师卡米罗·西特在承认城市之美的同时，强调城市公园对城市的健康卫生起到的作用，公园是能使城市保持卫生的绿地，是城市的肺。

面对城市聚居环境的恶化，郊区和乡间村镇成了人们心中理想的居住环境。怎样改善城市居住环境，真正地保持城市和郊区的平衡以及稳定持久的结合，成为当时城市发展所面临的最为紧迫的问题。

英国最初的公园发展事实上受到了房地产开发商的利益驱动。房地产商出资进行大面积的公园建设，同时在公园附近大量兴建住宅，优美的公园环境极大地提升了周边的房价，为首批这样做的房地产投资者带来了极大的利润。其中英国巴斯的摄政公园和旁边的弯月住宅区（Royal Crescent）就是个很好的例子。

霍华德在《明日的花园城市》中把"有机体或组织的生长发展都有天然限制"的概念引入城市规划中来。他认为城市的生长应该是有机的，建成一开始就应对人口、居住密度、城市面积等加以限制，配置足够的公园和私人园地，城市周围有一圈永久性的农田绿地，形成城市和郊区的永久结合，使城市如同一个有机体一样，能够协调、平衡、独立自主地发展。

在美国，城市开敞空间也在被侵蚀，郊区的自然风景也同样吸引着城市居民。郊区墓园风景在19世纪中叶成为一种时尚，美国造园先驱唐宁（A.J.Downing）指出："这些墓园对城市居民的吸引力在于它们固有的美和利用艺术手法和谐组织起来的场地……这种景色有一种自然和艺术相统一的魅力。"在浪漫郊区设想中，他表达了对工业城市的逃避和突破美国方格网道路格局的意愿。他在新泽西公园规划中设计了自然型的道路，住宅处于植被当中，住宅区中建有公园。这种所谓的城市一乡村连续体对20世纪现代景观设计有很大的影响。

在19世纪的自然主义运动中，出现了美国现代景观设计的创始人奥姆斯特德（F.L.Olmsted）。他的景观设计实践使景观设计从一个试验性初步设想阶段，成为具有确定意义的新学科。一百多年来，当年的社会活动家奥姆斯特德和英国建筑师沃克斯合作设计的纽约中央公园已成为纽约城中的一块绿洲，极具先见之明地给城市提供了大片的绿地和休憩场所（图1-71、图1-72）。在此之后，中央公园得到了公众赞赏，美国把公园建设当作促进城市经济和提供自然景色的一项有益活动，兴起了城市公园运动，奥姆斯特德成为这场运动的领导人。这一时期规划设计的公园有布鲁克林的希望公园（图1-73）、芝加哥的城南公园、圣路易斯的森林公园、旧金山的金门公园（图1-74）以及波士顿的福兰克林公园等。

图1-71　斯道园主依建筑前景
　　　　（图源自园林景观网）

图1-72　纽约中央公园鸟瞰
　　　　（图源自园林景观网）

图1-73　布鲁克林希望公园（图源自园林景观网）

图1-74　旧金山的金门公园（图源自园林景观网）

　　总的说来，欧美的城市公园运动是现代景观设计的一个序幕，公园及园林不再是为少数人服务，而是面向大众，成为对于城市意义重大的新型景观。这要求景观设计必须考虑更多的因素，包括功能与使用、行为与心理、环境艺术与技术等，对于景观设计的研究也不仅仅是停留在风格、流派以及细部的装饰上，而是更强调其在城市和生态系统中的作用。

第 2 章

景观
设计方法

JINGGUAN SHEJI FANGFA

2.1 景观艺术设计的艺术处理

2.1.1 主景与配景

在前面的章节中已经提到，为达到多样统一的艺术效果，景观艺术设计的众多景区或空间中，必然有主要景区和次要景区或主要空间和次要空间之分，每个空间中也都应有主景和配景。正如植物配植要有主体树种和陪衬树种的搭配，堆叠假山应有主、次、宾、配之分，主次关系的恰当处理起到提纲挈领的作用。在景观空间中，主景的突出并不在于其体量的大小，关键在于其在景观空间中的位置是否恰当，同时加上次要景物的烘托及纯净背景的衬托，便能起到引人注目的效果，通常要突出主景，宜将其设在下列位置：

一、轴线的交点或端点。景观艺术中，轴线的端点又被称为聚景点，游人对其总是抱有很高的期望值，若在此没有设景，会令游人产生扫兴之感，在此设置主景，则会收到水到渠成、事半功倍之效；若干主、副轴相互交织，展开布景的方式在景观设计中也是常见的，这些轴线的交点也是布置主景的理想位置，该类处理主景的方式以法国和意大利的古典园林最为典型（图2-1）。

图2-1 轴线的交点是布置主景的理想位置/荷兰
（摄影：姜嬿）

二、动势集中点。在广场、草坪等由四周景物环抱围合的空间，周边的次要景物都会产生一种向心的动态倾向，该倾向在空间中会形成一个集中的点即动势集中点，此处便是该空间安放主景的最佳位置（图2-2）。

图2-2 空间的动势集中点是布置主要的有利位置/海牙
（摄影：姜嬿）

三、空间构图重心。景观空间的构图重心包括规则式园林的几何中心和自然式园林的构图重心，也是适合突出主景的有利位置。

在为主景选择了理想的位置的前提下，采用突出主景的色彩或升高主景的位置造成鹤立鸡群之势，以纯净的蓝天为背景，或采用其他简洁的背景来突出主景轮廓线等，也可起到进一步突出主景的作用（图2-3）。

在配景的处理过程中，切忌喧宾夺主，配景的成功在于陪衬和突出主景。

图2-3　升高主景的位置，以纯净的天空为背景，突出主景/无锡灵山（摄影：姜嬿）

2.1.2　前景与背景

在景观艺术中，为突出主景，避免其单调孤立感且加强空间深远感，增强艺术感染力，常采用增加景观层次的手法，即在主景的背后设置背景，在其前方增加前景，形成远、中、近景多层次的空间格局。前景或背景都可以使景色深远、丰富而不单调，前景也可以是不同距离的多层次的，起到装点画面、调整构图的作用，有类似于画框的作用。背景是在主景周围或背后，利用天空、草坪、水面、林丛、建筑、山石等要素，通过对其色彩、体形、质地等因素的处理，以达到突出主景的目的：一般主景若为浅色，背景宜用深绿或深蓝色，以产生空间感和距离感；主景若为深色，背景宜用天空、水面或白墙；主景质地坚硬，背景应采用柔性的水体或植物；主景强调竖向构图，则背景应趋向水平……在连续景观构图中随着主景的不断变化，背景、前景也做相应的转换，继而形成了步移景异之象，无论前景还是背景都应遵守配景的处理原则，即不能喧宾夺主（图2-4）。

图2-4 增加景观层次形式成远、中、近景多层次的空间格局，可加强空间深远感、增强艺术感染力/天台（图源自园林景观网）

2.1.3 夹景与框景、漏景

　　夹景、框景与漏景均为景观艺术中关于前景的几种典型艺术处理手法。夹景是指在轴线或透视线的两侧，运用树丛、院墙、建筑或地形等围合形成狭长的空间，屏蔽周围的景物干扰，从而将人们的视线集中到轴线尽端的主景上的处理手法（图2-5）。框景是指将局部景观框起来作画面处理的手法。中国传统园林常用粉墙上的景窗、圆洞门等作为景框，而西方园林中常采用树冠作景框。框景的作用在于用简洁的前景作画框，对景观空间中的景色做了裁剪，形成了一幅立体的风景画面，将游人的视线集中到画面的主景上来，同时也提供了观赏主景的最佳位置，扩大了空间景深，增加了诗情画意（图2-6、图2-7）。当然设计框景时

图2-5 夹景/无锡惠山古镇（摄影：姜娜）

应注意观察者的视角，要使景物透过景框，恰好落入游人的视域范围内，方能成为最理想的画面。漏景是由框景衍生而来，不同之处在于框景能观察全景，而漏景则采取半遮半掩的手法，使景色若隐若现，令人感到含蓄而雅致。漏景常用漏窗、花墙、疏林、廊架、漏屏风等，是景观艺术中调动游人游兴的惯用手法（图2-8）。

图2-6

图2-7

图2-8

图2-6　框景用于剪裁精华，含蓄景深/无锡寄畅园
　　　　（摄影：姜嫄）
图2-7　现代景观的框景手法/吉隆坡
　　　　（摄影：姜龙）
图2-8　漏景含蓄而雅致，是调动游兴的惯用手法/
　　　　海牙（摄影：姜嫄）

2.1.4　对　景

　　凡是与观景点相对的景物称之为对景。对景有正对与侧对之分。正对是指视点通过轴线或透视线将视线引向景物的正面；侧对是指由观景点仅能观察到某一景物的侧面正对观察主景，易取得庄严、崇高的艺术效果（图2-9），而侧对观察主景更易使主景显得活泼和生动（图2-10）。

　　景观空间通常将主要景物布置在道路或轴线的交点或端点，或景观空间中迂回曲折的道路、河流、水面、长廊的转折点以作对景，能起到步移景异的艺术效果。（图2-11）

图2-9　正对使景物显得庄重而崇高/无锡蠡园
　　　　（图源自园林学习网）

图2-10　侧对使景物生动而活泼/无锡蠡湖公园　　图2-11　对景宜布置在景观空间中道路，水面迂回曲
　　　　（摄影：姜姗）　　　　　　　　　　　　　　　　　折的转折点，起到步移景异的效果/北京香
　　　　　　　　　　　　　　　　　　　　　　　　　　　　山饭店（图源自园林学习网）

2.1.5　借　景

　　景观场所均有一定的范围局限，而景观艺术就是要通过对景物的有机组织，传递给游人比有限的景物、空间自身丰富得多的信息，借景便是其重要的艺术处理手法。借景是指通过景观设计创造条件，有意识地将游人的视线导向景观空间之外，将外部景物引入其中，借以扩大景观空间感和层次感的手法（图2-12）。因时而借，因景而借，借景需要为内外视线的流通创造一系列条件，主要途径有下列三条：

　　（1）借园路的组织或景物的布局开辟透景线。

　　（2）提高视点的位置，扩大视野，使远山近水尽收眼底。

　　（3）借助门窗或围墙上的漏窗将相邻景物引入。

图2-12　寄畅园以成功借景而著名，远借锡山尤光塔，无形中拉大了
景深，扩大了有限的空间范围/无锡寄畅园（摄影：姜姗）

2.1.6 藏景与障景

有别于西方传统园林景观讲求开门见山的气势和宏大的规模，中国传统园林则强调含蓄、委婉和内敛，主张欲扬先抑，成为世界景观艺术中独具特色的具有极高艺术价值的景观流派，其典型处理手法为藏景与障景。

中国传统园林素有"景愈深，兴愈浓"之说，因而在游人到达中心景区之前，常常须经过若干道门，穿越几个小院，直到胃口被吊得足足的，方能得见"庐山真面目"，且即便此刻也不可能让你一览无余，其变化无穷的所有景象只有当你漫步全程时才能从中真正领略它的美妙，这便是藏景的处理手法。

障景手法通常是在游览过程中突设高于视线的障碍物，令游人产生"山穷水尽"的感觉，同时又不得不顺着它的引导改变游览方向，但当游客绕过该障碍物时，会惊喜地发现园景正在逐步地展开，从而又产生了"柳暗花明又一村"之意，而此刻主景的魅力无形中被艺术地放大了，该障碍物即障景。"障景不同于藏景，障景本身即为景，作为游客游览过程中的对景，其景观效果也很重要。障景的种类很多，手法也极其灵活，它可以是一棵体型高大的树或树丛、一堵照壁、一组雕塑，也可以是山石等某一景观材料组织而成的一组紧凑连续的郁闭空间，可视具体情况而定（图2-13）。

图2-13　障景本身即为景/无锡寄畅园
（摄影：姜娜）

2.1.7 隔　景

为便于景观空间形成丰富多变的景象，且在有限的空间收到小中见大的艺术效果，常采用隔景将整个用地划分成大小不等的众多空间。隔景的材料和形式是多种多样的，就其对于空间划分的强弱程度而言，可归纳为实隔、虚隔和虚实隔三类。实隔通常指两个空间被截然分开，正常视线不能相互渗透，常见的如高墙之隔；虚隔是指两个空间虽有平面的划分，但视线上依然完全通透的分隔，如利用道路、堤、桥、水体等进行的空间分隔；而虚实隔则是指将两部分空间划分成既隔又连，隔而不断的相互渗透的趣味空间，常用的有开有漏窗的院墙、长廊、花架廊、疏林、铁栅栏等（图2-14）。

图2-14 隔景手法利用堤、植物等形成隔而不断、相互渗透的趣味空间/瘦西湖
（图源自园林景观网）

2.1.8 虚景与实景

景观艺术强调一切景语皆情语，一切景物不要和盘托出，而应留给游人尽可能多的想象空间，景物铺陈不可太实，应组织多方面的虚实对比，给游人营造朦胧空灵之美、变幻莫测之象、无尽回味之意。虚实之景如影随形，二者往往是成对出现的，人们往往会观其一而联想其二，当然虚景的创造是需要一定的媒介的，而在景观艺术中这些媒介又有固定和可变之分，可变的媒介如阳光、风、雨等时隐时现，往往会使游人在游览之时即便未曾见到虚景，但依然会产生联想，引发各种情思。

虚景的创造有许多途径，除了视觉途径外，听觉途径和嗅觉途径所产生的虚景对于景观意境的营造有着特殊的意义。视觉途径较常见的虚实景如水中月影（月亮—水面—月影）、镜中花影（花朵—镜面—花影）、粉墙上摇曳的斑驳树影（树枝—阳光、粉墙—树影）等。听觉途径的利用，是引发联想、激发诗情画意的重要途径，在景观艺术中，常以赏声为主题，未见其景，先闻其声，以虚景之声激发共鸣，引人入胜。较常见的虚实景如：松涛阵阵（松林—风—松涛）、雨打芭蕉（芭蕉—雨—雨打芭蕉声）、竹露滴清响（竹叶露珠—竹叶—清响）、八音涧（涧—水流—八音）等。嗅觉途径与听觉途径相类似，植物芳香气息的作用可传递给游人精神的愉悦，激发诗般心情，也有未见其景，先闻其味之妙，通过景物散发的芳香之虚景，可引发游人对于实景的充分好奇与想象。嗅觉途径虚实之景的媒介主要是流动的空气和风，常用的虚实景如：荷花与其散发的阵阵清香、金桂与其扑鼻的异香、米兰与其浓郁的幽香等等（图2-15、图2-16）。

图2-15 粉墙竹影，摇曳生趣/扬州个园
（图源自园林景观网）

图2-16 观芭蕉之姿，令人联想雨打芭
蕉的淅沥声/扬州个园（图源自
园林景观网）

2.1.9 点 景

点景是中国传统园林独创的"标题风景"通过匾额或对联，起到"片言可以明百意"的作用。景观艺术是设计师的景观创造和游人的游赏活动的总和。基于游人的文化和生活背景、阅历的差异，以及游览时间、方式、心情、气候、季节的不同，会导致对于同一景物的认识和感悟的巨大差别。点景便是设计师对整个景观空间进行的高度概括，通过形象、诗意的题咏，点明了景观主题，丰富了景观的欣赏内容和诗情画意，给人以艺术的联想，使人们在景观场所的享受扩大化，从实景的欣赏上升到更高的艺术境界——意境的享受，从而使游人与景物间产生最大程度的共鸣。（图2-17）

图2-17 点景"一语点醒梦中人"，使游
人与景物产生最大程度的共鸣/扬
州个园（图源自园林景观网）

2.2 景观艺术设计的风格

2.2.1 中式古典风格

中国古典园林在世界园林体系中占有重要的地位。在其数千年漫长的历史发展过程中逐渐形成的中式古典风格，是最具有中国特点，符合人们审美习惯的景观营造风格。中式古典风格的风格技术特点主要为：通过山、水、植被营造自然生态景观，注重情趣和意境的表达。

山、水、植物是中国古典园林的主要要素。中式古典风格非常重视山水的营造。通过"叠石"技术将特选的天然石块堆砌成假山，模仿自然界山石的各种造型：峰、峦、峭壁、崖、岭、谷等。

水是自然景观中的重要因素。从北方皇家园林到南方私家园林，无论大小，都想方设法地引水或者人工开凿水体。水体形态有动态和静态之分，形式布局上有集中和分散之分，其循环流动的特征符合道家主张的清净无为、阴阳和谐的意境。园林中的水体尽量模仿自然界中的溪流、瀑布、泉、河等各种形态，往往与筑山相互组合，形成山水景观。中式古典风格的植物栽培方式以自然式为主，讲究天然野趣性。乔木与灌木有机结合，形成高低错落有致的搭配格局。植物搭配比较注重色彩的变化，常绿植物和落叶植物搭配在一起，通过不同季节所呈现出来的不同色彩组合提高视觉的愉悦感。中式古典风格追求如同山水画一样的景观，古典园林筑山、理水的技术中，贯穿了中国画"外师造化，内法心源"的创作原则，达到了精神上的升华（图2-18、图2-19、图2-20）。

图2-18　苏州园林——网师园（图源自园林景观网）　图2-19　苏州园林——拙政园（图源自园林景观网）

图2-20　中国传统绘画（图源自园林景观网）

2.2.2　日式风格

　　日式风格是从日本园林造景中脱胎形成的风格，其特点是精致、自然，重视选材，具有鲜明的表现、象征意味。其中，净土园林具有明显的宗教意味，以表现佛教净土景观为中心，如平等院凤凰堂池庭和毛越寺庭园。日式风格中，最具有特点的是枯山水风格。枯山水最初是禅宗寺院的庭园风格样式，以石、砂、植被模拟大地、大海景观，具有强烈的宗教象征意味，其构图受到中国宋朝山水绘画美学思想的影响。现在的很多住宅里，尤其是中庭中大量建造了枯山水（图2-21、图2-22）。

图2-21　日本传统造园
（摄影：马啉）

图2-22　日本传统枯山水设计
（图源自园林景观网）

中式古典风格和日式风格中有很多相通之处，在景观营造中，往往采取以下原则。

1. 宁曲勿直

自然生态尽可能使用曲线，避免使用直线。道路、水道尽量保持自然生态驳岸状态。除了建筑物以外，其他因素如植被、山、水、石，都尽可能保持自然性的外观，降低人工痕迹（图2-23）。

2. 缩　景

通过景观材料如石、砂，模仿自然界的山、河、海等景观。从表面上看，是自然景色的缩小化，实际上是在有限的空间里对人、自然、宇宙之间关系的构建，并且寄托了人类对理想景观的追求，融会了人们的审美追求（图2-24）。

3. 借　景

借景是中国古典园林中常用的方法，在日本造园中也大量使用。通过空间、视点的巧妙安排，借取园外景观，以陪衬、扩大、丰富园内景致，是使园内外景观一体化的造园手段（图2-25）。

4. 表现时间

通过植被搭配和色彩的处理表现季节时间的变化。比如苏铁、松树代表四季常青，枫树、樱花表现时间变化和永恒。

5. 表现精神情操

通过植被、石材等素材以及缩景、借景表现精神情操。比如巨大的石块象征主人的社会地位，竹子象征高洁的情操，苏铁、松树象征长寿等（图2-26）。

图2-23　中国园林里曲线形道路
（图源自园林景观网）

图2-24　日本京都金阁寺的缩景手法
（图源自园林景观网）

图2-25　无锡寄畅园的借景手法
（摄影：姜嬿）

图2-26　日本园林中的松树（图源自园林景观网）

2.2.3　规则式风格

　　法国园林是规则式园林的代表，其特点是强调人工几何形态。轴线是园林的骨架，布局、植被都被控制在条理清晰、秩序严谨、等级分明的几何形网格中，体现人工化、理性化、秩序化的思想。现代景观设计也往往运用这种规则式的设计方法，体现秩序性和结构美感。如纪念性广场，为了体现庄严性、秩序性，经常采用对称布局、规则化处理的方法（图2-27）。

图2-27　法国规则式风格园林的代表作
——凡尔赛宫苑平面
（图源自园林景观网）

2.2.4　英式自然风格

　　英国自由式风景园从18世纪开始盛行于欧洲。与规则、理性的法国园林相反，其特点是尊重自然，摒弃生硬的直线要素，大量地使用曲线，尽可能地模仿纯自然风景，体现了人们向往田园风光，歌颂自然美的精神追求。英国自由式风景园所形成的英式自然风格，具有清新、自然、朴实的风格特点，能够给生活在城镇空间里的人们带来田园牧歌式的体验，在19、20世纪城市化进程中，成为比规则式园林更受欢迎的景观风格。英式自然风格逐渐走向世界，很多近代城市公园多采用此设计方式（图2-28）。

图2-28 英国自由景园（图源自园林景观网）

2.2.5 其他地域风格

不同的地域有自己的适栽植物，有自己的喜好颜色，有自己的空间形式特点，反映在景观设计上，就会形成不同的地域风格。地域风格是当地历史文化的载体，具有鲜明地方特点。如南美热带景观、东南亚风格、荒漠景观、中东风格、寒地景观、草原景观，以及各个国家地区自身的地域风格（图2-29、图2-30）。

图2-29 釜山大渊街头地域性景观（摄影：马咻）

图2-30 吉隆坡历史性景观（摄影：姜龙）

2.3 景观的基本分类

景观的分类方式是多种多样的，有按性质及使用功能分、按景观的布置形式分、按景观的隶属关系分、按年代分、按地域划分等，其中按性质及使用功能和按景观的布置形式划分是最常见和最基本的两种分类方式。

随着现代经济的发展，人们生活方式的不断衍化，现代景观依据不同的性质及使用功能分类，可谓名目繁多，如风景名胜区、城市公园、植物园、游乐园、休疗景观、纪念性景观、文物古迹园林、城市广场、城市开放休闲绿地、住区景观、庭院、宅园等；与之相比按景观的布局形式分类，则显得较为简明而系统，通常可分为规则对称式、规则不对称式、自然式、混合式四类。

从景观艺术设计角度来看，了解景观布局形式的分类，掌握其不同形式所蕴涵的个性及其与具体景观场所功能性质的内在关联，对于具体设计无疑是极为重要的和有帮助的。

2.3.1 规则对称式

规则对称式布局方式给人以严肃庄重、雄伟、明朗之感（图2-31）。此类布局方式通常强调平面构图的均衡对称，具有明显的主轴线，因其两侧景物、建筑布局均需对称，故而要求其用地平坦，若为坡地也通常将之修整成规则的台地状；此类布局中，道路常为直线形或有轨迹可寻的曲线形，硬质广场也做成规则几何形，植物则做等行、等距式排列，且常被修剪成各种整形的几何图案，水体轮廓也强调几何形，驳岸以垂直严整的形式为主，整形的水池、喷泉、壁泉、涌泉等是其理水的主要形式；该类布局视其规模大小常会设置一系列平行于主轴线的辅轴线及垂直于主轴线的副轴线，并在其交点处设置喷泉、雕塑、建筑等作为对景处理规则。对称式布局方式常被用于皇家园林、政府机关执法部门、纪念性景观建筑等强调庄重、严肃、盛大、雄伟及礼节性的场所设计中。

2.3.2 规则不对称式

规则不对称式布局方式给人以自由、活泼、时尚、明快之感。此类布局平面构图中，所有线条或曲或直都是规则的、有轨迹可寻的，同时又是不对称的，故而其空间格局显得较为灵活自由，其中植物种植可采用自然多变的配植方式，不要求其作几何整形的人工修剪，水体及驳岸的形式也较为自由多样。此类布局方式较常见于城市中的街头绿地（图2-32）、商业步行街的节点处理、若干公共建筑围合而成的小型公共休闲绿地等，因其平面布局讲求构图的美观及节奏，故也较常用于强调俯视效果的高层建筑底部的小型庭院布局。

图2-31 规则对称式给人以严肃庄重、雄伟、明朗之感/巴黎（图源自园林景观网）

图2-32 规则不对称式的休闲绿地活泼、明快/釜山市民公园（摄影：姜龙）

2.3.3 自然式

自然式的布局方式给人以自然、轻松之感。它以大自然为蓝本，构成生动活泼的景象，自然式的布局方式没有明显的主轴线，水体、道路轮廓线均依整体设计构思、立意及地形变化而设，没有一定的轨迹可寻，地势起伏自然，建筑造型自由，不强调对称，且与具体地形有机结合（图2-33）。此类设计中，水体形式以平静、自由、流淌的水体为主，结合瀑布、叠

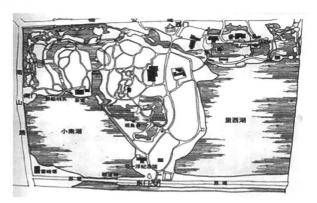

图2-33 自然式布局各要素均依整体设计构思、立意及地形变化而设，没有一定的轨迹可寻/杭州花港观鱼（图源自园林景观网）

泉、溪流、雾喷等形式，而较少采用人工味较浓的喷泉形式；植物种植师法自然生物群落，层次丰富，布局自由，尊重其自然生长的形态，依照植物不同的生物特性，合理配植，营造符合整体立意的空间氛围。自然式的布局方式常用于城市中的休闲性绿地、公园、度假村、居住区绿地、风景名胜区等。

2.3.4 混合式

混合式布局方式是规则式与自然式布局方式的综合使用，此种方式在现代景观设计中被大量使用（图2-34）。在一些规模较大的景观规划设计中，人们往往在最重要的构图中心及主要建筑物周围采用规则式布局，而在远离它的区域，则采用渐变的方式，利用地形的自然变化及植物的种植方式逐步过渡到自然式的布局状态。这样的布局既有规

则式整齐明快的优点，又具备了自然式活泼、生动富于变化的特征，赋予游人更加丰富多样的体验（图2-35）。

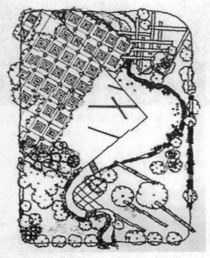 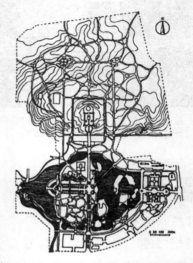

图2-34　混合式布局在现代景观设计中被
大量使用（图源自园林景观网）　　图2-35　混合式布局赋予游人更加丰富多样的
体验/北陵公园（图源自园林景观网）

　　上述四种布局形式各具特点，各有所长，没有好坏优劣之分，关键在于设计师应结合具体的用地条件、使用人群、用地性质、周边环境等因素，综合考虑，方能优化出最为合理恰当的布局形式。合理配植，营造符合整体立意的空间氛围。

第 3 章

景观
设计元素

JINGGUAN SHEJI YUANSU

3.1　景观艺术设计的要素

景观艺术设计的要素有多种分类方法，目前业内最常见的为物质要素和视觉要素两种分类方法。

3.1.1　景观的物质要素

丰富多彩的景观世界是由成千上万形态、形象各异的物质共同构成的，依据其物理属性，最终可大致归纳为土地、水体、建（构）筑物、植物、景观设施及光影等六大基本物质要素，其中：土地要素包含了步行道、地形变化等物质内容（图3-1、图3-2）；建（构）筑物要素包含了景观中的建筑物、构筑物（图3-3、图3-4）；景观设施要素包含了艺术装置、休息设施、服务设施、卫生设施及户外标识系统（图3-5～图3-7）；光影要素包含了利用人工照明与自然光及其所产生的阴影所参与的景观构成活动。此外，景观对应于人们全方位的感受和体验，还包含了声音、气味等其他物质要素。

图3-1　景观步行道
　　（图源自园林景观网）

图3-2　景观地形变化（图源自园林景观网）

图3-3 景观建筑物/釜山（摄影：姜龙）

图3-4 景观构筑物/釜山（摄影：姜龙）

图3-5 景观雕塑/釜山（摄影：姜龙）

图3-6 景观服务设施/釜山（摄影：姜龙）

图3-7 景观卫生设施/釜山（图源自园林景观网）

3.1.2 景观的视觉要素

人们对于事物的感知是全方位的，包括视觉、听觉、嗅觉、触觉、味觉等诸多方式，但其中视觉是最主要的感知方式，人们对于景物的感知85%来自视觉的信息反馈。因此，从视觉角度入手，分析其对于景观艺术设计结果的影响方式是极其必要和有效的。

抛开景观构成物具体的物理属性，从视觉感知的角度来看，形形色色的景观都是由形态、色彩和质地三大要素组成。其中形态要素最为关键，它又是由一些最为基本的"模块"组合而成的，依据人们在不同距离所见的结果，主要可归纳为点、线、面、体及其组合而成的空间五大元素。

3.2 景观的焦点和附属物

景观的焦点和附属物方面的设计可以帮助进行景观设计的深化和品质提升，也就是将人的关注、人的使用、人的行为习性等方面结合在设计中。

3.2.1 景观的焦点

1. 公共艺术品、景观建筑物

西方古典主义的手法中，经常使用雕塑、日晷、方尖碑、喷泉、花盆、廊架等作为景观的焦点，放置于空间的几何中心、道路的交汇处，以及线性空间的终点、入口空间的两侧。中国传统园林中也以亭榭、画舫等作为对景。这些手法的目的是给景观空间创造兴趣、活动、视线的焦点，以点睛之笔来避免景观空间的平泛。现代景观中，公共艺术

图3-8　入口景观成为视觉焦点/釜山（摄影：姜龙）

品、景观建筑物的概念和形式都大大延伸了，并且它们在景观中所处的位置也不再是古典几何式的。但是其创造景观焦点的作用仍然存在（图3-8～图3-15）。

图3-9　组合雕塑/荷兰
　　　（摄影：姜嬿）
图3-10　焦点–雕塑/釜山
　　　（摄影：姜龙）
图3-11　焦点–雕塑/釜山
　　　（摄影：姜龙）
图3-12　焦点–雕塑/荷兰
　　　（摄影：姜嬿）
图3-13　城市雕塑成为景观焦点/
　　　荷兰（摄影：姜嬿）

图3-14　大地艺术品成为景观焦点（图源自园林景观网）

图3-15　景观建筑物（图源自园林景观网）

2. 舞台、展示空间、活动空间

现代景观中更多的焦点让位给特色空间以及在此空间中人的活动及表演、展示等，例如景观中下沉的广场、高起的平台、活动空间、游戏场所等（图3-16～图3-18）。

图3-16　景观游乐设施（图源自昵图网）

图3-17　景观活动空间（图源自昵图网）

图3-18　景观下沉广场（图源自昵图网）

3. 动态焦点

动态焦点一般可包括水景动态、光的动态以及风的动态设计。水景设计是景观设计的难点，也经常是重点。水的形态多种多样，或平缓或跌宕，或喧闹或静谧，而且淙淙水声也令人心旷神怡，景物在水中产生的倒影色彩斑驳，有极强的欣赏性。水还可以用来调节空气温度和遏制噪声的传播。

正因为其柔性和形态多样，景观设计时也较难把握，在建成之后也必须经常性地维护。我们一般讲景观设计中的水分为止水和动水两类，其中动水根据运动的特征又分为跌落的瀑布性水景、流淌的溪流性水景、静止的湖塘性水景、喷射的喷泉式水景。由于近年来技术设备的发展，出现了很多新颖形式的水景。

在设计水景时要注意以下几点：首先，要注意水景的功能，是观赏类、嬉水类，抑或是为水生植物和动物提供生存环境。嬉水类的水景一定要注意水的深度不宜太深，以免造成危险，在水深的地方要设计相应的防护措施。如果是为水生植物和动物提供生存环境则需安装过滤装置等保证水质的方法。其次，水景设计须和地面排水相结合，有些地面排水可直接排入水塘，池塘内可以使用循环装置进行循环，也可利用自然的地形地貌和地表径流与外界相通。如果使用循环和过滤装置则需注意水藻等水生植物对装置的影响。另外，在寒冷

图3-19 动水水景焦点/米兰（摄影：姜嫄）

图3-20 人与水景的互动/苏州（摄影：姜嫄）

的北方，设计时应该考虑冬季时水结冰以后的处理，加拿大某些广场冬天就是利用冰来做公众娱乐活动。如果为了防止水管冻裂，以后要将水放空，则必须考虑池底显露以后是否会影响景观效果。注意使用水景照明，尤其是动态水景的照明，往往使其景观效果好很多。在设计水景时注意将管线和设施做好隐蔽设计，并且要注意做好防水层和防潮层的设计。（图3-19～图3-24）

光的动态，一方面借助光设备的动态效果，如动态投影、光柱、光色变化和灯的转动明暗等，一方面借助光的投射受体的动态变化，如受光的喷泉、水体的流动等。同时

图3-21　浅池型水体设计有利于吸引人的参与/荷兰（摄影：姜嬿）

图3-22　驳岸水体设计/釜山（摄影：姜龙）

图3-23　临水玻璃廊道/釜山（摄影：姜龙）　　　图3-24　滨水栈道设计/安徽（摄影：姜嬿）

还要注意多借用日光所产生的光影变化，设计有趣味的日间景观（图3-25、图3-26）。

　　风的动态，可以通过声音和形态表达，例如风铃、风幡等（图3-27）。

图3-25　空间的光变化／匈牙利
　　　　（摄影：姜嫄）

图3-26　桥体灯光设计/匈牙利
　　　　（摄影：姜嫄）

图3-27　风铃景观
　　　　（图源自昵图网）

3.2.2 景观的附属物

一个供民众欣赏和使用的景观设计工程，其规划设计过程必然要考虑怎样更高效、方便、安全地为人所用。这就使景观设计中必须加入一些附属物，如卫生设施、休憩设施、照明设施、安全设施、标志指示设施、必要的服务设施、交通设施、针对残疾人的无障碍设施等。这些设施需要根据特定的环境条件、甲方的要求，以及服务和管理维护的具体要求来进行设计。其中所需要的大型构筑物按照建筑设计的原则，需充分考虑自身的功能造型并结合其环境以及大范围的景观空间，较为复杂，需另文详述。在此谨就景观小品、城市家具、公共设施及光环境、牌示系统等做一些介绍。

景观小品、城市家具、公共设施和艺术品的设计是多种设计学科结合的工作，景观设计、视觉传达设计、工业造型设计和雕塑创作都结合其中。公共设施和艺术品大致有以下两个特性：功能性和艺术性。所谓功能性是指大多的公共设施都有实际使用功效，例如：休息座椅、垃圾桶和指示标牌。所谓艺术性是指这些设施的设计造型要求比较高，要体现现代城市的美。好的公共设施设计对于城市面貌来讲，往往起到画龙点睛、令人过目不忘的作用，给人印象很深。

公共座椅和垃圾桶的设置要注意其距离和密度的合理，要让使用者感到方便，但也要注意隐蔽，注重新奇性与特色趣味，其造型应该很好地与城市景观风格相结合。另外，尽量选用耐久的材料，并且要经常性地维修和养护（图3-28～图3-34）。

图3-28 可用于休憩与观赏的实木平台/安徽
（摄影：姜嫄）

图3-29 景观设施设计中色彩的运用/釜山
（摄影：姜龙）

图3-30　石质座椅/首尔（摄影：姜龙）

图3-31　木质座椅/首尔（摄影：姜龙）

图3-32　创意座椅（图源自园林景观网）

图3-33　具有指向性的道路
（图源自园林景观网）

图3-34　公园中具有指向性
的道路铺设（图源
自园林景观网）

城市灯光环境的设计应当注意：

（1）高位照明和低位照明的互相补充，路灯、草坪灯和庭院灯相互结合。

（2）充分开发地面照明，和地面处以同一高度的地灯不会妨碍人的行走。

（3）防止炫光和光污染，灯具设计应当注意光线照射角度，防止直接射入人眼；居住区的外部光环境设计应当防止过亮而影响居民的夜间休息。

（4）提倡内光外透，充分利用建筑内部的光源。上海闹市区于2001年实现了内光外透工程，充分体现了国际大都市的夜景气氛。

（5）提倡功能性的照明和艺术造型的灯具设计结合起来。（图3-35～图3-37）

图3-35

图3-36

图3-35 隐蔽性灯光设计
（图源自昵图网）
图3-36 城市灯光效果
（图源自昵图网）
图3-37 灯光设计
（图源自昵图网）

图3-37

指示标牌的设计应当注意：

（1）充分和周边建筑以及城市景观协调，不能千篇一律。

（2）指示内容清晰明了，尽量采用图示方法表示，说明文字应该考虑到通用的国际语言和地方语言的双语传达。

（3）交通指示系列，应当慎重选取色系，做到任何天气环境下都醒目和易于识别。设置位置应当注意不被建筑物或者绿化遮挡。（图3-38）

图3-38　导向标识/釜山
（摄影：姜龙）

台阶和坡道是解决地面高差给人通行带来不便的基本方法。台阶是目前的室外环境设计中使用最多的解决高差问题的方法，其主要是为普通人步行所设计的，不能满足车辆或者通行不便的人的要求。相对坡道而言，要达到相同的高度时，台阶所需的水平长度较短。诺尔曼提到关于台阶踏面和升面关系的通用规则：升面尺寸乘以2，加上踏面等于26英寸（约合0.66米，$2R+T=26$），在这一尺寸范围内，一般人在上下踏步时会觉得方便自在。在实际设计中，踏步的升面和踏面是可以灵活掌握的，比如地面高差相对陡峭时，可以适当增加升面，减少踏面宽度，但是这种较为陡的踏步，不宜用在交通量较大的场所，也不适宜过长。在适合的地方要设置休息平台，在设计时可以通过休息平台的设计来调整行人行进的节奏和韵律。相反，在一些休闲的漫步道和缓坡上，踏面可以适当增大，升面适当减小。在设计一些供人驻足观赏景物的地方时，也可以将踏步的尺寸放大，让人可以舒服地坐在踏步上，其高度增加到30厘米，介于座椅高度和踏步升面高度之间。但是，这种非常规尺度的踏步不适合用在人流量较大的公共区域，更不应该设计在有安全疏散功能的地方，以免造成危险。另外需要注意的是，如果高差较小，所需的踏步数较少、步升面较低时，应注意通过材质的变化、防滑条设置，或者利用升面的基部凹陷形成阴影来强调高差的存在，以防行人的无意跌落，并且一组踏步不应少于3个踏步，否则行人不易发觉。室外踏步设计时还需注意相关的照明配套设计。当高差大于50厘米也需设计护墙或者扶手。

坡道是供行人在地面高差不同的平面上行走的一种主要方式。坡道对行人行走的限制要少些，行人可以自由自在地在坡道上行走，不必受踏步的限制，而且坡道适合车辆和残疾人用轮椅通行，这一点非常重要。现代景观设计非常重视无障碍设计，也就是为了方便残疾人而做的通道设计，包括盲道设计以及坡道设计。但是，如果坡道的坡度设计不合理也会使行人感到疲惫。另外，如果坡道的材质选择不理想也会令人在雪天或者雨天感到非常不便，所以在设计坡道时一定要注意增加纹路质感。一般来讲，步行坡道的坡度为1∶12较为适宜，并且当坡道长度超过10米时最好增加休息平台。（图3-39、图3-40）

图3-39 景观台阶（图源自园林景观网）

图3-40 景观坡道（图源自园林景观网）

值得注意的是，景观的附属物也可以通过设计成为景观的焦点，但设计不应该把它们当做累赘和负担，而是让它们融合于整体景观设计之中，成为一个部分。

第 4 章

景观
设计表达

JINGGUAN SHEJI BIAODA

4.1 景观设计的表达方式

4.1.1 美学的理论基础及应用

景观美学涉及地质学、地理学、建筑学等科学知识，具有综合性。人类对于自然美和生活美的感受，包括视觉的美、听觉的美、嗅觉的美、温度感觉、触摸感觉、机械感觉，以及味觉的美。

1）各部分相互关系的原理

对比、比照是在质的或者是量的不同的要素之间进行排列时，强调出相互间的特征。

2）空间或时间的长短、大小、强弱等数量关系原理

平衡是两种力量处于相互均衡和完整的状态，就像构成城市小区居住空间的各个组成部分之间前后、左右之间的关系，能够给人们平衡、安定和完整的感觉。居住空间各构成体所表现出的各种不同比例的特点常和其功能内容、审美观点有密切的关系。

3）整体中的多种因素统一原理

因为调和是对称、平衡、比例、韵律、动势等的基础，所以调和的秩序是多样的统一。所谓多样的统一，是有适当的变化，并且作为整体则又有牢固的结合状态。也就是在统一的前提下，应该具有多样性或者是处于变化的状态。

4.1.2 三大构成

三大构成即平面构成、色彩构成与立体构成，是现代艺术设计基础的重要组成部分。所谓"构成"是一种造型概念，其含义是将不同形态的几个以上的单元重新组构成一个新的单元。

平面构成主要在二度空间范围之内，以轮廓线划分图与地之间的界线，描绘形象。它所表现的立体空间并非实的三度空间，而仅仅是图形对人的视觉引导作用形成的幻觉空间。

色彩构成是使学生掌握色彩构成的基础知识，学会运用它的基本方法，并具有较强的构成表现能力。

立体构成是现代艺术设计的基础之一，是使用各种材料将造型要素按照美的原则组成新立体的过程。立体构成的构成要素是点、线、面、体、色彩和空间诸方面。它的形成要素，仍然是形式美诸法则，如对比调和、对称均衡、比例、节奏、韵律、多样、统一等，重要的是通过设计创造意境。

4.1.3 形式美法则

形式美法则，是人类在创造美的形式、美的过程中对美的形式规律的经验总结和抽象概括。主要包括：对称均衡、单纯齐一、调和对比、比例、节奏韵律和变化统一。研究、探索形式美的法则，能够培养人们对形式美的敏感，指导人们更好地去创造美的事物。掌握形式美的法则，能够使人们更自觉地运用形式美的法则表现美的内容，达到美的形式与美的内容高度统一。

形式美是一种具有相对独立性的审美对象。它与美的形式之间有质的区别。美的形式是体现合规律性、合目的性的本质内容的那种自由的感性形式，也就是显示人的本质力量的感性形式。形式美与美的形式之间的重大区别表现在：首先，它们所体现的内容不同。美的形式所体现的是它所表现的那种事物本身的美的内容，是确定的、个别的、特定的、具体的，并且美的形式与其内容的关系是对立统一，不可分离的。而形式美则不然，形式美所体现的是形式本身所包容的内容，它与美的形式所要表现的那种事物美的内容是相脱离的，而单独呈现出形式所蕴有的朦胧、宽泛的意味。其次，形式美和美的形式存在方式不同。美的形式是美的有机统一体不可缺少的组成部分，是美的感性外观形态，而不是独立的审美对象。形式美是独立存在的审美对象，具有独立的审美特性。

形式美的构成因素一般划分为两大部分：一部分是构成形式美的感性质料，一部分是构成形式美的感性质料之间的组合规律，或称构成规律、形式美法则。构成形式美的感性质料主要是色彩、形状、线条、声音等。色彩的物理本质是波长不同的光，人的视觉器官可感知的光是波长在390到770纳米之间的电磁波。各种物体因吸收和反射光的电磁波程度不同，而呈现出赤、橙、黄、绿、青、蓝、紫等十分复杂的色彩现象。色彩既有色相、明度、纯度属性，又有色性差异。色彩对人的生理、心理产生特定的刺激信息，具有情感属性，形成色彩美。如：红色通常显得热烈奔放，活泼热情，兴奋振作；蓝色显得宁谧、沉重、悒郁、悲哀；绿色显得冷静、平稳、清爽；白色显得纯净、洁白、素雅、哀怨；黄色显得明亮、欢乐等。形状和线条作为构成事物空间形象的基本要素，也都具有极富特色的情感表现性。如：直线具有力量、稳定、生气、坚硬的意味；曲线具有柔和、流畅、轻婉、优美的意味；折线具有柔和、突然、转折的意味；正方形具有公正、大方、固执、刚劲等意味；三角形具有安定、平稳等意味；倒三角具有倾危、动荡、不安等意味；圆形具有柔和、完满、封闭等意味。声音本是物体运动产生的音响，其物理属性是振动。它的高低、强弱、快慢等有规律的变化，也可以显示某种意味。如高音激昂高亢，低音凝重深沉，强音振奋进取，轻音柔和亲切等。把色彩、线条、形体、声音按照一定的构成规律组合起来，就形成色彩美、线条美、形体美、声音美等形式美。

构成形式美的感性质料组合规律，亦即形式美的法则主要有齐一与参差、对称与平衡、比例与尺度、黄金分割律、主从与重点、过渡与照应、稳定与轻巧、节奏与韵律、渗透与层次、质感与肌理、调和与对比、多样与统一等。这些规律是人类在创造美的活动中不断地熟悉和掌握各种感性质料因素的特性，并对形式因素之间的联系进行抽象、概括而总结出来的。

4.2　景观设计的纸面表达

4.2.1　钢笔画的绘制技法

园林景观设计的表现对象主要是花草树木、山石水景、园路和园林建筑物等，园林景观的手绘图可以通过手绘工具表现这些园林景物。在如今电脑绘画、三维制作普遍的情况下，培养设计师的手绘能力，使设计师的手绘与技巧完美配合。钢笔就是最好的工具，同时，钢笔也是最传统、最常用的工具，如图4-1所示。

图4-1　凌美钢笔

钢笔画的绘制不需要特别的纸张、颜料和画笔等特殊画材，最常见的普通钢笔就能满足绘画的所有要求，具有简易方便的特点。钢笔画属于素描的一种，它的绘画表现依靠的是单色线条的平面组织。无论在哪种绘画形式中，线条都是形成最终画面的最基本元素，可以说线条是反映思维图像最直接的媒介，如图4-2所示。钢笔画虽然并不能形成最炫目的视觉效果，却能最直接地反映思维过程。作为在设计过程中探索设计思维的辅助手段，设计师的钢笔草图不是为了绘制打动受众的表现图，而是为了帮助设计师发展设计思路、推敲设计方案，这恰是对设计思维的一种反映。因此在众多画种中钢笔画最适合用来作为设计草图的绘制。

黑白线条的勾画是设计师最朴实的艺术语言，景观钢笔画具有较高的概括表现

图4-2　黑白线条的手绘效果图（李珊珊）

力，往往通过几笔的勾勒就能看出设计师的创作水平和艺术功底，这也成为如今钢笔画手绘表现在设计师人群中被倡导的原因之一，如图4-3所示。

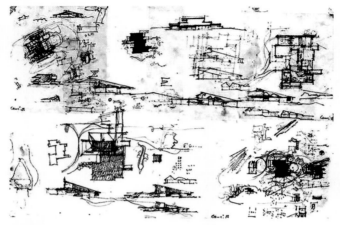

图4-3　Alvar Aalto作的Maison Carre 设计草图（图源自园林学习网）

除此之外，景观钢笔手绘图只需要一张白纸和一支钢笔就能表现出线条、亮度、质感等，可谓是一种速度快、效率高、表现能力强且简易的表现方法。

学习钢笔画的方法就是进行大量的写生练习。

1. 植物的平面画法

从园林中植物的平面图开始说起。平面图中，用平面符号和图例表示园林植物。平面图中的树干均用大小不同的"黑点"表示其粗细，用不同的圆形表示不同的树种，如图4-4所示。

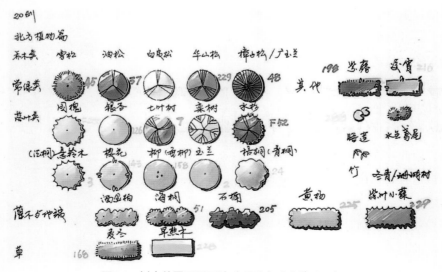

图4-4　树木的平面图画法（图源自园林学习网）

（1）树木的画法对园林景观设计也相当重要。

自然界中树木的种类繁多，千变万化，在透视图或立面图中表现树木的原则是：省略细部、高度概括、画出树形、夸大枝叶，如图4-5所示。

图4-5　省略细部、高度概括、画出树形、夸大枝叶（图源自园林学习网）

需要注意树木的枝干特征，这是提高设计师对植物手绘掌握水平的前提。画树之前要明确各树种的区别，画树枝不仅要有左右伸展的枝干，还要画出前后枝干的穿插，使树木具有立体感。

树木的形状刻画也是需要设计师在手绘过程中必须掌握的，每种树木都有自己的树冠结构，在进行手绘的过程中，可以将树冠外形概括为几种几何形体，如圆锥形、球形、半球形、尖塔形等，如图4-6所示。

图4-6　概括的植物轮廓（李珊珊）

（2）远景树无须区分树叶和树干。

　　树木的种类不同，树形、枝干、叶形、树干的纹理和质感也各有差异，也要靠组织不同的线条来描述，如图4-7所示。同一园林中的不同植物要有不同的表现手法，例如：针叶树油松、云杉等，应在圆锥形树冠轮廓线内按针叶排列方向画线表现针状叶，然后在枝叶稀疏处加上枝干；松树多用成簇的针叶排成伞状，树干的纹理像鱼鳞状的圈，圈的大小不宜过于整齐，如图4-8所示。再如：杨树枝叶茂密，树干通直光滑有横纹及气孔，在树冠轮廓线内用三角形表示；树叶多数画在明暗交界线及背光部位，不宜画满，然后画树干穿插于叶片之间。只需画出轮廓剪影，即林冠线轮廓。此外，整个树丛还需上深下浅，有层次，以表示近地空气层所造成的深远感；近景树应当细致地描述出树枝和树叶特征，树干应画出树皮的纹理特点，如图4-9所示。

图4-7　植物的不同表现
（李珊珊）

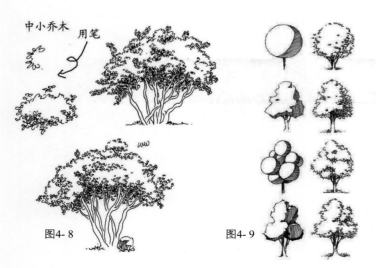

图4-8

图4-9

图4-8　乔木的钢笔画效果图
（图源自园林自学网）

图4-9　不同植物的不同画法
（图源自园林学习网）

2. 山石水体的画法

山石水体的画法在钢笔画手绘图中也占有重要地位。画山石常常大小穿插，非常有层次，线条的转折流畅有力，如图4-10、图4-11所示。以湖石为例，湖石是经过熔融的石灰岩，纹理纵横，自然形成沟、缝、洞穴。用钢笔画湖石多为线描，先勾轮廓，轮廓线自然，用曲线表现纹理，之后着重画出大小不同的洞穴，同时加深背光面，以画出洞穴的深度。

图4-10　山石水体速写（一）（李珊珊）

图4-11　山石水体速写（二）（图源自园林学习网）

水体的画法：表现静水时常用拉长的水平线画水，近水粗而疏，远水细而密，这是画水的原则，平行线留白表示受光部分。动水常用网巾线表示，波形的线条表示动水面。

4.2.2　马克笔的绘制技法

马克笔快速表现是一种既清洁又快速有效的表现手段，如图4-12所示。马克笔的一大优势就是方便快捷，工具也不像水粉、水彩那么复杂，有纸和笔就可以。笔触明确易干，颜色纯和不腻，颜色多样且不必频繁调色。

图4-12　马克笔的手绘图（李珊珊）

马克笔分水性和油性，水性马克笔色彩鲜亮且笔触明确，缺点是不能重叠笔触，否则会造成颜色脏乱，容易浸纸。油性马克笔色彩柔和、笔触自然，缺点是比较难于控制。因此在用马克笔表现之前，要做到心中有谱或者先在一张别的纸上做一个小稿再上正稿。使用马克笔要求笔法肯定，且有力度，如图4-13所示。

因马克笔的自由特征，它不适合做大面积的涂染，也不适合表达细节，如树叶等。只需要概括性地表达，通过笔触进行排列，如图4-14所示。

图4-13　马克笔的笔法
（图源自园林学习网）

图4-14　对马克笔笔触的了解（图源自园林学习网）

马克笔手绘步骤：

（1）先用铅笔起草图，再用针管笔或钢笔勾勒，注意物体的层次和主次，注意细节的刻画，如图4-15所示。

（2）从近处或者从中心物开始，从简单到复杂，也可以按照个人习惯画，如图4-16所示。

图4-15　马克笔手绘的第一步骤　　　　　　　　图4-16　马克笔手绘的第二步骤
　　（图源自安德森某一手绘步骤图）　　　　　　　　（图源自安德森某一手绘步骤图）

（3）按照物体的固有色给物体上色，确定画面的基本色调，如图4-17所示。

（4）逐步添加颜色，刻画细部，加深暗部色彩，通过加强明暗关系的对比来统一画面，如图4-18所示。

图4-17　马克笔手绘的第三步骤　　　　　　　　图4-18　马克笔手绘的第四步骤
　　（图源自安德森某一手绘步骤图）　　　　　　　　（图源自安德森某一手绘步骤图）

由于马克笔的表现具有既清洁又快速有效的特点，其方便快捷的特性受到了很多设计师的青睐，工具也不像水粉、水彩那么复杂，有纸和笔就可以进行。笔触明确易干，颜色纯且不腻。这些让马克笔成为园林景观设计最重要的表现方式之一。

4.2.3 彩色铅笔的绘制技法

彩色铅笔使用方便，绘制技法简单，风格典雅，所以很受设计人员的喜爱，如图4-19所示。

目前市场上常见的彩色铅笔有两种：一种是普通的蜡基质彩色铅笔，另外一种是水溶性彩色铅笔。水溶性彩色铅笔遇水后可晕化，产生水彩效果，用于水彩、水粉效果图的辅助工具时，可以相得益彰（如图4-20），但是这种铅笔多为进口，价格较昂贵。

要是单独画彩色铅笔画，选用蜡基质铅笔即可，除了价格实惠外，它最大的优点就是附着力很强，有优越的不褪色性能，即使用手涂擦，也不会使线条模糊，如图4-21所示。

图4-19 彩铅较细腻（图源自园林学习网）

由于彩色铅笔是尖头绘图工具，如果绘制大幅面的图纸会花费大量的时间，但缓慢的速度也意味着你可以精确地描绘细部形象，如图4-22和图4-23所示。

图4-20　不同类别的彩铅能画出不同的效果
（图源自园林学习网）

图4-21　彩铅的特性可以使设计图更加有层次感
（图源自园林学习网）

图4-22　彩铅可以细腻地刻画细部（姜龙）

图4-23　彩铅的表现（姜龙）

彩色铅笔效果图的风格有两种。一种是突出线条的特点，它类似于钢笔画法，通过线条的组合来表现色彩层次，通过笔尖的粗细、用力的轻重、线条的曲直、间距的疏密的变化带给画面不同的韵味，如图4-24所示。另一种是通过色块表现形象，线条关系不明显，相互融合成为一体，如图4-25所示。

图4-24 运用彩铅线条突出层次（姜龙）

图4-25 运用彩铅绘出大面积晕染的效果（姜龙）

另外，纸张的选用也会影响画面的风格：光滑的纸面使彩色铅笔细腻柔和；粗糙的纸面可使线条出现间断的空白，形成一种粗犷美。

彩铅表现是比较基础的绘画方法，具有比较强大的表现力，如图4-26和图4-27所示。

图4-26　易道彩铅透视图　　　　　　　　图4-27　易道手绘彩铅透视图
（图源自园林自学网）　　　　　　　　　　（图源自园林自学网）

彩铅笔的轻重缓急、纵横交错，能使画面达到比较丰富的效果。总的特点是操作方便，比较便于修改，但是由于其笔触较小，大面积表现时应注意时间的限制条件，可以考虑结合其他更为便捷的方法快速完成。比如用钢笔线勾勒轮廓和明暗关系，以马克笔表现大的色调，然后在一些色彩变化处或细节处用彩铅来进行细部刻画，熟练者也可以全部采用彩铅表现。

4.2.4　水彩的表现技法

水彩的表现力比较丰富，效果明显，但是较难掌握，如图4-28和图4-29所示。水彩可分为干画法和湿画法。

图4-28　日本大师手绘的水彩作品　　　　图4-29　水彩园林景观手绘图
（图源自园林学习网）　　　　　　　　　　（图源自园林学习网）

1. 干画法

干画法是最基本的画法，是重要的方法之一，分为重叠法、缝合法两种。重叠法是最普遍采用的技法，也是历史最悠久的一种技法，如图4-30所示。

图4-30　水彩景观的干画法（一）（杨子奇）

重叠法是在第一笔颜色干后，重复地再加上第二、三遍色彩，由于色彩的多次重叠，可产生明确的笔触趣味。这种技法在时间的控制上可以按部就班地随自己的意向进行，可以避免像渲染法那般手忙脚乱，是比较适合初学者学习的技法。它是一种素描重于色彩的画法，可以描绘对象准确的轮廓、体积感，井然的空间及层次分明的画面主题，特别是对光影的表现更有其独到之处。

当然，重叠法也有它的不足之处，它易流于碎、呆板和灰脏，不易表现潇洒流畅的主题，且易受到对象的牵制。

干画法一般要求水色充沛饱满。即调好颜色后，笔端膨胀丰满，提笔稍慢，笔尖会滴落水色。其后是画在纸上时水分会明显地高出纸面许多，随着从上到下，从远到近地走笔，纸上始终保持着充沛的水分，但又不应该流淌失控，如图4-31所示。

图4-31　水彩景观的干画法（二）（杨子奇）

2. 湿画法

水色未干时较快地反复添加，称为湿画法。湿画法也是水彩画最基本的手法之一，如图4-32和图4-33所示。它的艺术效果含蓄柔润，非常适合表现园林景观。

水彩基本技法离不开时间、水分、色彩三个要素，而湿画法尤须注意这三者的运用和配合。比如远处呈现的山峦，往往是在天空的底部，须在天色将干未干时迅即以肯定的笔触和较浓稠的颜色绘之，如图4-34所示。色彩加早了，山色会被不断下淌的水分所冲掉，无法塑造远山起伏的优美曲线；色彩加晚了，则失去湿画法特有的迷蒙含蓄的空间美。

图4-32　水彩景观的湿画法（一）（杨子奇）

图4-33　水彩景观的湿画法（二）
（图源自园林学习网）

图4-34　园林景观的水彩表现
（图源自园林学习网）

4.3　景观手绘表现技法的作用

　　景观手绘表现是一种传统的设计表现手段。手绘表现图在与计算机表现图泛滥的当下，它依旧为沟通设计师和观赏者之间重要的桥梁作用，是设计师用艺术形式传达设计思想的一种有效、快捷、个性的符号。手绘表现图同其他表现方式相比，具有速度快、易修改、真实性强等特点，所以练就绘制漂亮的手绘表现图的能力是从事景观设计工作的设计师的"看家本领"。

　　景观手绘表现是指通过图像或图形的手段来表现设计师景观设计思想和设计理念的视觉传达手段（图4-35、图4-36）。设计师用表现图的形式来表现自己的景观设计，展示自己的构思。对于景观设计师而言，把自己头脑中的构思变成精美的具有实体效果的图像，进而实施，使之变成现实，这是一个令人着迷、沉醉的过程，也是景观设计师莫大的满足与乐趣。景观设计的手绘表现图能形象、直接、真实地表现出景观的空间结构，准确地表达设计师的设计理念，并且具有极强的艺术感染力。在设计的创意阶段，设计投标阶段，设计中标、定案阶段，优秀的表现图起到十分重要的作用。

　　在景观设计行业领域，计算机在景观设计中已经成为不可或缺的制图工具，但其也存在着不可避免的缺陷，在电脑上无法达到挖掘景观空间构思的思想深度，通过相关计算机软件可以完成和丰富景观设计师的景观设计构思。在此情况下，景观设计师与计算机的交流往往发生思考与操作一致的情形，以至于造成计算机程序设置无法高效率完成人脑瞬间灵感的火花，制约了景观设计师的创意，也固化了景观设计师们的思想，这是

图4-35　迤沙拉村落改造人工湖景观构想图（朱静）

图4-36　迤沙拉村落改造步行街景观构想图（朱静）

手绘与电脑绘图最大的差异。景观设计领域通常是以团队合作的方式进行项目设计，团队内部成员之间的交流需要在最短时间内将各自瞬间迸发出的设计构思表达出来，而只有手绘的方式能完成如此要求的工作。

同时，设计方与甲方之间进行景观设计的交流与沟通，景观手绘也起到了极为重要的桥梁作用。因此，景观手绘便成为景观设计团队内部交流以及与甲方沟通的最重要手段之一。这就要求一名合格的景观设计师在其景观设计生涯中以景观手绘创意的形式记录瞬间灵感与景观设计团队成员及甲方进行思想的交流。

综上所述，手绘表现图在景观设计的不同阶段能起到不同的作用：在设计草图阶段，能够帮助设计师从多角度、全方位地推敲空间，快速反映设计师头脑中的构思，捕捉瞬间的设计灵感，同时也能记录设计师的思考的全过程。在设计的深入阶段，能够帮助设计师细化设计内容、推敲细部尺寸、调整色彩空间关系。在设计的定稿阶段，能够全方位、准确地反映方案实施后的效果，对工程的施工起到引导性的作用。（图4-37、图4-38）

图4-37　迤沙拉村村落景观建筑改造手绘表现图（朱静）

图4-38 迤沙拉村建筑景观保护规划设计手绘鸟瞰图（朱静）

4.4 景观手绘表现技法的特点

随着计算机技术的发展与普及，计算机辅助设计在设计领域扮演着越来越重要的角色。在多种设计效果表现方面基本上取代传统的手绘表现方式，但是在园林、景观设计行业，由于涉及的对象的特殊性，传统的手绘在效果表现上具有计算机无法比拟的优势，所以手绘表现在景观设计中（特别是在前期方案设计中）还占据着极为重要的地位。

（1）手绘是景观设计中最有效的设计思维视觉化的方式。

设计师通过手绘表现个人的设计构想与意图，没有其他中间环节的影响，不会造成错误理解和错误表达，所以能最准确、最直接和形象地展现出设计效果。（图4-39）

（2）手绘表现可以满足景观设计内容的特殊性要求。

景观设计内容多为室外环境和场景设计，包含的设计要素非常繁杂，而且个体元素差异较大、变化丰富。例如复杂的地形、丰富多样的植被、层次多变的空间组合等，包含这些元素的设计表达常常是变化多样的，用电脑表现的画面相对比较死板，缺少灵气，而且存在耗费大量时间等问题。（图4-40）

（3）手绘表现快速直接的优势，能为设计师在设计的全过程中与他人及时地交流、沟通提供条件，能尽可能地满足景观设计方案及表达不断修改和变化的实际要求。

图4-39　公园景观手绘表现图（李珊珊）

图4-40　广场景观手绘表现（李珊珊）

4.5 景观手绘表现技法的基本内容

4.5.1 构思草图

景观构思草图是景观设计师思想火花与灵感的记录，景观设计方案的源头。构思草图承担着捕捉景观设计师脑海中稍纵即逝的创意重任。与构思草图不同的是设计草图更加多地考虑了景观方案的可实施性，技术上更进一步，是搭建在构想与方案之间最为初级的桥梁。

设计图是设计人员了解社会、记录生活、再现设计方案、推敲设计方案、收集资料时所必须掌握的绘画技能。一个好的设计构思如果不能快速地表达出来，就会影响设计方案的交流与评价，甚至由于得不到及时的重视而最终被放弃。因此，设计草图对设计人员来说是交换信息、表达理念、优化方案的重要手段。

1. 设计草图的分类及作用

设计草图根据作用不同可分为两类：一类是记录性草图，主要是设计人员收集资料时绘制的（图4-41）。

图4-41 景观手绘表现（王晨习）

一类是设计性草图，主要是设计人员在设计时推敲方案、解决问题、展示设计效果时绘制的（图4-42）。

图4-42　小区景观设计手绘图（刘柯）

2. 线条的表现力

线条是设计草图表现的一种最普遍形式，使用工具简单，速度快，表现力丰富，主要是通过运用铅笔、钢笔、针管笔等工具进行绘制，用线条来表现物体的基本特征：形体轮廓、转折变化等。线条看似平淡无奇、单一乏味，其实仔细研究，线条具有无限的表现力。

1）质感表现

在草图表现中除了表现物体的形体结构外，表现其质感和光泽也是重要的因素。如金属、陶瓷的质感表现为质地坚硬，光洁度高，有一定的反射作用。在用线条表现时要用笔利落地刻画到位，同时要注重其纹理的刻画。而木材、砖石则有自己的天然纹理和固有色彩，反射作用较弱。不同种类木材的纹理变化也不一样，石材又分为大理石、花岗岩、毛石等许多种类型，表现的手法也各不相同。玻璃是有机透明体，透明度好能够反映周围的环境，所以在刻画其反射的景物时要注意透视变化和画面层次。（图4-43、图4-44）

图4-43　茶室景观表现（李珊珊）

图4-44　景观茶室建筑手绘表现（王晨习）

2）景观设施的形体表现

设施小品是构成室内空间的重要因素，不同风格的设施也体现着不同风格的景观环境。景观设施的种类繁多，如座椅、指示牌、垃圾箱、路灯、雕塑等。不同的设施也有不同的样式变化，在刻画时要注意细节。（图4-45、图4-46）

图4-45 景观小品与雕塑手绘表现（王晨习）

图4-46 景观小品系列手绘表现（王晨习）

3）景观环境的空间表现

在绘制景观的线条图时要注意景观整体空间的把握和室内局部造型的结构变化，要做到透视准确、结构清晰，注意用不同的线条变化来表现不同的形体质感。通过线条的虚实变化来表现环境的空间进深，体现良好的空间效果。（图4-47、图4-48）

图4-47　办公楼前景观手绘（一）（张海萍）

图4-48　办公楼前景观手绘（二）（张海萍）

4.5.2 马克笔技法的训练过程

马克笔技法的训练要循序渐进，首先练习单体家具、灯饰的表现，熟悉笔的特性，掌握运笔的方法，注重笔触与结构、形体的结合。然后临摹照片，对图片的色彩、质感、光线进行归纳与总结，变被动的临摹为主动的练习。最后才是进行室内外大环境的马克笔图绘制。有些同学在初学时不注重方法的总结，学习训练不扎实，结果画面效果混乱，事倍功半。几种熟悉马克笔的训练方法：

（1）勾画小的物体，不浪费空闲时间，常写生，善于总结小经验。

（2）强调笔触，也要打破它的规律性，不要一味地排笔，敢留白，必要地留白。

（3）将铅笔稿复印几份，常是不同笔法地上色。

（4）善于借助彩铅等工具来"辅助"马克笔。

（5）懂得"将错就错"。

4.5.3 几种常用景观手绘表现技法的比较

景观手绘表现有很多种表现技法，主要是从绘制工具方面进行区别。如钢笔技法、马克笔+彩铅技法、水彩技法以及其他技法。每种技法都有各自的特点，用钢笔技法来做景观设计主要优点是快速便捷，只要一支笔、一张纸就可以做设计，但缺点是不能表达景观设计方案的色彩。水彩技法可以说是最富艺术性的表现技法，水彩画的通透、灵性使人着迷，很多大型的景观设计方案也使用水彩技法表现的，但是也有他的不足之处，就是携带起来不方便，画水彩必须要用水，做景观方案设计的时候不可能随身带着小水桶或水杯，而且晾干还需要时间，不适合现场做方案设计交流。水粉技法有点是能够深入刻画细节，物体的质感表达准确，但是也有类似水彩技法的不足之处，就是携带不便对绘画环境要求较高。喷绘技法能够把景观画得逼真准确，但是需要的工具较多，有喷笔、喷泵、电源、遮挡板等，绘画环境要求最高。马克笔+彩铅技法虽然景观的质感表现得不很逼真，但是以其快速、便捷的特性，尤其是在现场做景观设计中优势明显，所以在这里着重研究马克笔+彩铅表现技法。

4.5.4 几类手绘表现技法讲解

马克笔是近些年较为流行的一种画手绘表现图的工具，马克笔既可以绘制快速的草图来帮助设计师分析方案，也可以深入细致地刻画，形成表现力极为丰富的效果图。同时也可以结合其他工具，如水彩、透明水色、彩色铅笔、喷笔等工具或与计算机后期处理相结合，形成更好的效果。因为马克笔表现力强，所以深受广大设计人员的青睐。

马克笔是英文"MARKER"的音译，意为记号笔。笔头较粗，附着力强，不易涂改，它先是被广告设计者和平面设计者所使用，后来随着其颜色和品种的增加，也被广大室内设计者所选用。目前市场较为畅销的品牌如日本的YOKEN、德国的STABILO、美国的PRISMA及韩国的TOUCH等。马克笔按照其颜料不同可分为油性、水性和酒精性三种。油性笔以美国的PRISMA为代表，其特点是色彩鲜艳，纯度较高，色彩容易扩散。

酒精笔以韩国的TOUCH为代表，其特点是粗细两头的笔触分明，色彩透明，笔触肯定干后色彩稳定不易变色。水性笔以德国的STABILO为代表，它是单头扁杆笔，色彩柔和，层次丰富，但反复覆盖色彩容易变得浑浊。在普遍使用的是韩国的TOUCH，它有大小两头，水量饱满，颜色丰富，当中颜色比较鲜亮，会色比较沉稳。颜色未干时叠加，颜色会自然融合衔接，有水彩的效果，性价比较高。因为它主要成分是酒精，所以笔帽做得较紧。选购时因该亲自试试笔的颜色，笔外观的色样和颜色可能有点偏差，总体说来比较实惠。购买时一定注意要认准品牌"TOUCH"，而不是"my colour"，因为这两个品牌的马克笔实在"长得太像"了。"my colour"不是不能用，而是颜色偏差大，颜色不纯正，画出来的颜色不到位。这是长期实践得出来的经验。

韩国的TOUCH马克笔一套120多只，鉴于某些颜色的使用频率很高并考虑到携带方便的问题，通过实践积累，总结出了37支基本必备的马克笔：总结出的37支常用色对于画园林景观较多的情况，可以尽量买齐G（绿色系）系列。还有一些常用的笔（画水的蓝色系、画木制的木色系等），可以一次买2到3支。一定要敢于用灰色系（暖灰或冷灰）。

日本的美辉marvy是比较早期的笔种，分单头水性和双头油性两种。单头水性的价格相对便宜，使用的人也不少，但效果不好，甚至可以说比较差，主要是因为其性能跟不上设计色彩更高的要求。双头酒精的笔干细，两个笔头也小。它不宜叠加，效果较单薄，容易使线稿花掉，这些劣势足以使它被淘汰。美国三福的霹雳马系列做工不错，市面上卖得较多的是双头油性的，价格不是很贵。可能你会感觉它的双头有些极端，大的一头会特别大，小的一头却只有针管笔那么小，部分人不喜欢它。不过它在某些方面又有恰到好处的效果。质量不错，颜色纯度高，但价格偏贵。

还有COPIC马克笔，价格很贵，部分人用。它可以在复印过的纸上直接描绘，不会溶解复印墨粉。笔杆为两头，一粗一细，可反复灌水。马克笔适于表现的纸张十分广泛，如色版纸、普通复印纸、胶版纸、素描纸、水粉纸都可以使用。选用带底色的色纸是比较理想的，首先纸的吸水性、吸油性较好，着色后色彩鲜艳、饱和，其次有底色容易统一画面的色调，层次丰富。

4.6 绘制景观设计表现图的过程

正确掌握绘制程序对表现图技法的提高有很大的帮助，能少走弯路。

（1）整理好绘画环境。环境的干净整洁有助于绘画情绪的培养，使其轻松顺手，各种绘图工具应齐备，并放置在合适的位置。

（2）充分进行景观平面图、立面图的设计思考和研究，了解委托者的要求和愿望。一般来说在绘制表现图前，设计的问题已基本解决。

（3）根据表达内容的不同，选择不同的透视方法和角度。如一点平行透视或两点成角透视，一般应选取最能表现设计者意图的方法和角度。

（4）为了保证表现图的清洁，在绘制前要拷贝底稿，准确地画出所有物体的轮廓线。根据表现技法的不同，可选用不同的描图笔，如铅笔、签字笔、一次性绘图笔或钢笔等。

（5）根据使用空间的功能，选择最佳的绘画技法，或按照委托图纸的交稿时间，决定采用快速还是精细的表现技法。

（6）按照先整体后局部的顺序作画。要做到：整体用色准确、落笔大胆、以放为主，局部小心细致、行笔稳健、以收为主。绘制表现图的过程也是设计再深入、再完善的过程。

（7）对照透视图底稿校正。尤其是水粉画法在作画时容易破坏轮廓线，需在完成前予以校正。

（8）依据景观设计表现图的绘画风格与色彩选定装裱的手法。

要说明一点，在绘制表现图之前，设计方面的问题已基本解决，包括：平面布置、空间组织与划分，造型、色彩、材料的设计。常看到有些设计者是边画表现图边设计，画面上涂改的遍数多，会影响画面的视觉效果，影响绘画者的情绪和绘画质量，最好的做法是先设计，后画表现图。这样才能做到在绘制透视图时有的放矢，在绘制表现图时胸有成竹。但不等于说设计方面的问题已完全解决，在表现图中能直接反映设计中的诸多问题，如有不尽如人意的地方，可以及时修改。可以说，画景观设计表现图的过程也是设计再深入、再完善的过程。当然，根据每个人的绘画习惯、绘制特点，在绘制过程中还会有一定的差异。

在绘制景观表现图时要特别注意一些问题：

（1）室外景观环境主要受自然光的影响较大，光线照射比较集中，由于天光是冷色调，所以表现图画面整体色调偏冷。

（2）在绘制室外表现图时要注意大场景气氛的营造，画面要有一定的虚实关系，建筑、景观设计表现图的绘制特点：景观设计表现图根据绘画手法的不同，颜料、绘制工具的不同，又分许多种(如水粉画法、设计草图画法、麦克笔画法、喷笔画法等)，但不论景观设计表现图的技法有多么丰富，它始终是科学性和艺术性相统一的产物。它的科学性在于：景观设计表现图首先要有准确的空间透视，运用画法几何绘制透视图是比较严谨、复杂的过程。要表现精确的尺度，包括空间界面的尺度、景观设施的尺度，还要表现材料的真实固有色彩和质感，要尽可能真实地表现物体光线、阴影的变化。

它的艺术性在于：室内设计表现图虽然不能等同于纯绘画的艺术表现形式，但它毕竟与艺术有着不可分割的关系。一张精美的景观设计表现图同时也可作为观赏性很强的美术作品，绘画中所体现的艺术规律也同样适合于表现图中，如整体统一、对比调和。雕塑要画得写实一些，水景、植物要画得虚一些。要注意环境前后的空间塑造，分出近景、中景、远景的空间层次。

（3）树木是景观表现图刻画的重点要素，要注意刻画不同树种的树形，以及特定环境和气候下树的色彩变化和季节变化。

（4）在表现图中光影的表现尤为重要，要对投影进行归纳统一，受光照影响的投影颜色一般偏淡紫色。

（5）人物往往成为景观表现图的点睛之笔，起到活跃画面气氛的作用，但要注意人物在整个场景中的透视、比例关系。

4.7 基础元素表现

4.7.1 玻璃的质感表现技法

玻璃分为透明玻璃和反射玻璃两种。在表现透明玻璃时，先画出玻璃透过去的物体形状和颜色，然后在所要表现的玻璃表面上用扁笔调好水分适量的水粉（灰白），借助槽尺垂直或倾斜向下快速扫笔，这样就会形成局部半透明的效果，然后，再用细笔画出白色轮廓线。如果透明玻璃是有色的，比如蓝色，就在白粉中加入淡淡的蓝色即可。反射玻璃是常用于室外的一种建筑材料，具有强烈的反射性，犹如一面镜子，可将其周围环境折射出来，如天空、树木、人影、车辆及周围建筑等，在绘制过程中要注意反射环境的虚实变化，不可过分强调其折射效果，否则易造成喧宾夺主的效果，影响对主体自身的表现。（图4-49）

图4-49　玻璃的质感表现技法（图源自园林学习网）

4.7.2　金属的质感表现技法

金属材料表面光滑，因此反射光源和反射色彩均十分明显。抛光金属几乎能全部反映环境色或是光源色。在表现时要根据以上特点，强调明暗交界线，并将反光和高光进行夸张处理。

如表现金属柱，要先画出它的固有色（如灰蓝、银白、金黄等金属固有概念色）。在颜色未干时借助槽尺，运用枯笔快擦，将环境色画在暗部，再用具有光源色倾向点出高光。由于金属材料大多坚实挺直，因此要求用笔果断、流畅，并具有闪烁变幻的动感。（图4-50）

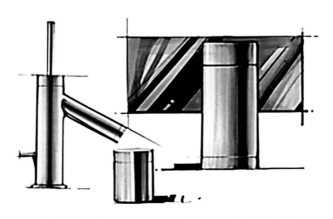

图4-50　金属的质感表现技法（图源自园林学习网）

4.7.3 砖石的质感表现技法

1. 大理石质感表现技法

大理石是一种天然的高档装饰材料。它质地坚硬，表面光滑，纹理变化自然，呈龟裂状或不规则放射状，深浅交错。表现时要根据以上特征，可用针管笔线条摹拟其纹理变化，然后用透明水色画出它的颜色，可以用细毛笔趁湿在底色上勾画出大理石的纹理，使其自然渗透，效果比较理想。（图4-51）

图4-51　大理石质感表现技法（图源自园林学习网）

2. 花冈岩质感表现技法

花冈岩质地坚硬，表面光滑平整，并有漂亮的色斑。表现时可在所需的花冈岩底色上用牙刷或喷笔上一些色点，然后借助槽尺用重色线画出接缝。（图4-52）

3. 红砖质感表现技法

铺红砖底色要有微妙变化，并有意保留光影笔触，借助槽尺画出砖缝深色阴影线，然后在其上方和

图4-52　花冈岩质感表现技法（图源自园林学习网）

侧方画出受光亮线，注意线的方向要保持一致。最后可在砖上画一些凹点，表示泥土烧制过程中的瑕疵，既富于变化，又增添了情趣。（图4-53）

4. 面砖质感表现技法

面砖可分为釉面砖和素面砖两种。釉面砖表面较为光亮，所以反光比较明显。表现时可用整齐的笔触画出光影效果，再借助槽尺画出砖缝。素面砖因没挂釉而不光亮，表面质感较粗，表现时可用牙刷喷出凹凸的质感。（图4-54）

图4-53 红砖质感表现技法（图源自园林学习网） 图4-54 面砖质感表现技法（图源自园林学习网）

5. 毛石墙面质感表现技法

一般毛石墙面比较粗糙，没有过多的光泽感。首先采用带有明显色相的灰色系列的马克笔对实现打好线稿的石头进行固有色的平涂，然后采用相对较深的同色系马克笔进行渐变的处理，最后采用黑色或者类似于黑色的马克笔进行石头墙面的勾缝和阴影处理。（图4-55）

图4-55 毛石墙表现（图源自园林学习网）

4.7.4 水体表现技法

水静止或缓慢流动时，能反映出其附近物体的形象，但这个映像为物体的虚像，所以其对比关系相应减弱。有时以较强反光打破其具体形象，削弱倒影的呆滞感。由于静态水面具有反射光的特性，因此它通常可表现出天光的蓝色，所以我们通常习惯用蓝色表现水面，再加上周围的环境色。水一般是流动的，我们可以通过白色的波纹反光线和飞溅的水珠来体现。要注意涟漪的颜色相对较深，才能烘托出白色的波纹线和反光，使水面富于变化和动感。（图4-56、图4-57）

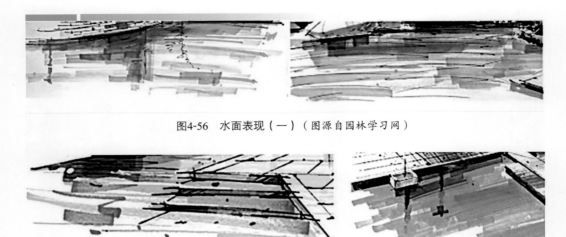

图4-56　水面表现（一）（图源自园林学习网）

图4-57　水面表现（二）（图源自园林学习网）

植物表现技法

在景观手绘中最重要最难的景观元素既不是景观建筑，也不是景观小品，而是植物。通常情况下，在景观设计表现中植物占据较大的面积和内容，而植物由于其特殊的情况，导致其是景观表现的一个难点。（图4-58、图4-59）

图4-58　植物小场景手绘表现（李珊珊）

图4-59　植物手绘（李珊珊）

1. 树的表现

在植物景观表现中，树又是最核心的表达元素之一。它的效果好坏直接决定景观表现作品的成败，很多情况下一幅景观表现图通过树的表现效果就能看出这幅表现图的好坏。无论是初学者还是具有一定景观表现基础的景观设计师都认为树是最难画的。

树大致可分为乔木和灌木。在绘画中可分为前景树、中景树和远景树。或分为以枝为主的秋冬树和以叶为主的浓荫蔽日树。

总体而言，一般以马克笔为主（勾线、彩色铅笔、白笔辅助）进行树的表达。首先要对树的基本形态和大致种类有所了解，要有概括的洞察力，抓主要的，不要过多地去纠结于一片树叶、一根树枝。表现中也不能太强调树冠的明暗关系，应着重对树的轮廓有所取舍；也不可画的太满，树冠中要注意适当留白，让它有通气性，便于后期处理时的需要。树枝与树干的画法原则是上细下粗（除了个别植物外），既要有疏密变化，也要有删繁就简的处理。

1）近景的树

近景树一般调子较深，其树冠用比较深的绿色马克笔与彩色铅笔结合，并且注意笔触多样，明度不需要有太大变化，基本成剪影形式的。但叶丛中一定要有所透，否则会很死板。最后以黑线示意性表达树梢和树叶。此外，采用白笔对局部以点状笔触提亮树冠，树干的表面质感及树干的影子洒在地面上也要有所表达。（图4-60）

2）中景的树

中景的树以体现姿态为主。不要过分注重体积感的表达，要注意树的几大叶簇的关系。轮廓部分要点以笔触，笔触有虚实变化。主干分出大致明暗，着重于真实自然。（图4-61）

3）远景的树

远景的树一般是成片的画。不用一株株地逐棵表达，只要表达一个意向即可，尽量减弱对比，虚化主题，以拉远前后关系。一般以马克笔先上大量的笔触（颜色采用偏冷偏灰的绿色），再适当添加树干（个别情况下可以不考虑树干的表达）。树干、树枝不可多加，所谓"远树无枝"，中远景树，作画中适当添加了酒精溶剂，马克笔有自然渗透的效果，使背景虚化，产生随意的效果。（图4-62）

图4-60 近景的树（纪麟星）

图4-61 中景的树（李珊珊）

图4-62 远景的树（王晨习）

4）鸟瞰的树

鸟瞰的树要适当加强明暗关系，注重前后虚实。由于视点原因，应比平视树短，甚至不画树干（图4-63）。

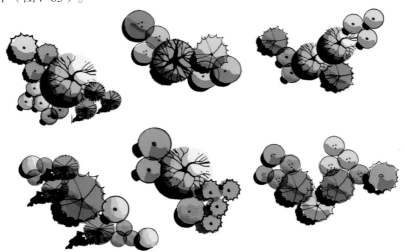

图4-63　鸟瞰的树植物组合平面表现（图源自园林景观网）

5）灌木及草花的表现

灌木一般以近景表现较多，应强调其明暗关系。枝叶表现要精确，甚至有如图案式的一片片表现叶片，钢笔勾勒了叶面前后的伸展关系。此外，可以先以马克笔大致分出叶片明暗，再以钢笔理出前排美人蕉叶片的伸展姿态，花枝是用彩铅表现的。（图4-64）

图4-64　灌木及草花的表现（姜龙）

6）草地的表现

通常以深浅两种颜色的马克笔顺地势排笔触，一方面表现地形起伏关系，另一方面横向笔触可适当反映树木对地面的落影。（图4-65）

图4-65　草地的表现（王晨习）

2. 景观建筑的表达

景观建筑在景观设计中所占比例较大，是以建筑为基础来造景的。而在现代景观中，景观建筑的比重逐渐减少。景观建筑从广义来说可以包括一切人工建筑要素，除建筑外还包括建筑小品、道路等。（图4-66、图4-67）

马克笔对园林建筑的表达有两个要点：

（1）要抓大放小，因为建筑的形体是较为复杂的，但马克笔是一种概括性工具，所以建筑也好，小品也好，对一切复杂的物体我们要进行概括，把它们看成简单的几何图形。比如说建筑就是由不同的立方体块堆砌而成的，所以我们在用马克笔绘制时要先把握大关系，先把明暗关系分清楚再做细致刻画，这样既保证了画面整体关系又可以刻画得很细致，容易掌握。

（2）对于景观效果图来说，建筑在画面中所占比重不大，如果着重表现的景点要细致刻画，如果是作为背景要虚化，只做简单着色即可。

图4-66 福宝古镇手绘表现（姜龙）

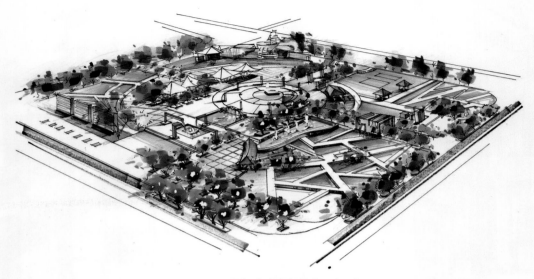

图4-67　景观鸟瞰手绘表现（王晨习）

3. 置石及水体的表达

（1）石在景观中，特别在庭院中是重要的造景素材。"园可无山，不可无石""石配树而华，树配石而坚"，这些都可见石的重要作用。石头的种类繁多，在不同环境中的应用也不一样。园林中的景石或单独放置我们称为特置，或成组放置我们称群置。在绘画中，我们还是首先把握大的体块，要有体积是第一位的，其次要注意笔触和色彩的变化要丰富，不应将每个边角都画得很生硬，也不应将边角画得过于圆滑，两者要很好地结合，当然这还是需要大量的联系才能把握好，才能将自然的石头画得富有生命力。

（2）自然界的水千姿百态，其风韵、气势及音响均能给人以美的享受。因此，水与山石一样成为园林风景中非常重要的因素。"山本静，有树则灵，有水则动"，"水因山而活，山因水而润"都说明了山水的密切关系。那么水体表达就是要体现出水的流动及灵气。水体表达可分为动、静两种。动景如各类不同高度的喷泉、跌水、溪流、瀑布、泉等。这种类型水体的表达要让笔触走在结构上，也就是依着水体变化的趋势而变化，笔触要丰富，要注意留白，在画面上还要结合钢笔线条才能表现出水流的动势。静景则以湖面常见，作为一种无形且透明的配景，描绘水景主要依赖使之成形的周边景物，比如，依赖岸边置石及植物来衔接水体，表现岸边的高度等。静水的表达一般我们用蓝色系，要用两至三种色彩来表现水体的丰富变化，笔触要丰富，还要注意留白，留白是表现水体的高光以及透亮的效果，同时如果想水体过渡更加自然可以略施彩铅来装点。

4. 人物与天空的表达

人物在画面中能增加画面的生活气息，暗示建筑尺度，再现场景的真实，使人产生身临其境之感。通过远近和近景的人物对比还可以增强画面的空间感。这里有两个技巧要把握住：

（1）效果图中的人物往往比真实的人物要修长一些，给人以美感。组群的人物要注意高矮、男女、数量上的搭配，做到疏密结合，具有很强的生动性。

（2）人物仅作为效果中的配景，只需概念的表达手法，用钢笔做简单勾画，用马克笔填画几个色块即可。天空在景观效果图中占了大量的面积。但我们有时可以不绘制天空，仅需留白即可。如果要进行绘制，马克笔不能采用写实的手法也只能做高度概括，只需用寥寥几笔概括天空即可。当然也可以用水彩、水粉、彩铅等来辅助。天空的色彩可以是蓝色的，也可以结合整体画面关系变为红色、灰色均可。（图4-68）

图4-68 景观设计（李珊珊）

第 5 章

景观设计案例

JINGGUAN SHEJI ANLI

5.1　概念设计方案

01

归园·田居
——宜宾观音镇生态小岛景观概念设计方案 01

作者：王敏
指导：姜龙

一、专案背景

地理环境

- 位置：宜宾县观音镇位于四川盆地南部，宜宾县北部，越溪河横贯全境，是宜宾县第一大镇，宜宾市第二大镇，四川省首批小城镇建设试点镇。

- 环境：本方案地处宜宾市观音镇片区一个小岛，隶属长江的一小支流，总面积40000多平米，现场视野开拓，景观资源良好。由于城市开发滞后，这里一些地方的基础设施匮乏，有些环境遭到破坏，生活垃圾随放，生态保护范围模糊，保护不力，加上周边是新建的新居民居住区，需要优质的环境空间，因此需要明确保护措施。

场地分析

- 地貌特征：小岛是本地发地产开发滞留的废弃之地，四周较为平整，堤岸延绵深入水中，坡度较缓，且岛上植被相对于四周较为良好。
- 气候特征：四季气候特点是春季气温偏高，夏冬气温偏低，秋季接近常年。年平均气温17.7～18.7℃，比常年偏高0.1～0.6℃，总积温6377～6688℃。降雨，全市总降雨量1049毫米～1371毫米，宜宾县偏多60%，日照时数711～1050小时。

- 生态问题：河道及周边堤岸污染较重，水质较差。
- 人流密度：场地周边为新开发的居民居住区，公共人流量大量聚集使生态环境的压力增加，同时，人流量的增加也需要一个更适合的休闲交往空间。
- 使用人群：

现场分析

- 存在的问题
城市开发滞留成废弃地，垃圾堆砌，生态植被受损，水污染严重，周边居民增多，缺少一个良好的休闲空间。

二、设计构架

项目定位

- 地域性：以川南丘陵和梯田的田园文化为主题，采用起伏的小山丘和梯田的流线造型为元素，结合现代造型语言，拟造出一个简单、舒适的休闲娱乐空间。
- 功能性：具有休闲、娱乐、观景、文化交流和人文交往的综合性场所开放空间。
- 时代性：在设计语言和表现形式上与现代建筑相协调，采用新型材料，体现时代性。
- 生态性：利用充分的水域资源，采取河涌污水过滤及地表水循环维护水系洁净，能源则以风能、太阳能取之。

```
景观 ── 城市美化
       文化延续
       休闲娱乐
生态 ── 水土保持
       生物多样
       调节气候
```

设计策略

- 保留：小岛上植被葱郁，保存完好，并且种类繁多，可以作为原有的生态系统保留下来，利用其造景。
- 利用：河岸边的湿地市良好的水循系统，虽然遭受到一些损害，但是可以利用起来改造为亲水平台。
- 再生：以丘陵和梯田为主的设计元素运用新的语言，传达出田园气息，同时还满足现代审美要求。
- 创造：在不影响空间合理划分的同时，创造适当的交往空间，有利于人与人之间的交流和沟通。

自然与城市的融合共生

水	生态	自然	
乡	人文	社会	环境
城	发展	经济	

设计说明

本项目是城市开发滞留后，该地的基础设施匮乏，有些环境遭到破坏，生活垃圾随放，而随着经济发展，城市居民的休闲时间增多，这些休闲人对环境单一化与雷同化感到厌倦。

设计着手于一个生态小岛的景观概念设计，从自然出发，用生态植物造景，选择本土植物，使四季有景，景景可观。注意植物造景搭配，设计造型新颖、独特。以人、土地、水、生物等为主体的综合设计思考。更好的贯穿生态低碳的景观设计。采用低碳优先的设计理念，利用太阳能、风能、水能以及废弃物回收再利用、废水的回收利用和绿地等低碳环保方法。

其次，着重于小岛上的空间合理规划，在满足功能的同时，做到造型新颖，低碳环保，遵循国家可持续发展的原则。在基础配套设施方面，做到以人为本，致力于老弱病残能有同样的休闲娱乐空间。

鸟瞰图

归园·田居
——宜宾观音镇生态小岛景观概念设计方案 02

三、平面分析

设计来源

■ 以丘陵和梯田为主的设计元素运用新的语言，传达出田园气息，同时还满足现代审美要求。

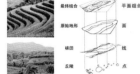

最终组合　　平面组合
原始地形　　面
梯田　　　　线
丘陵　　　　点

设计元素以丘陵的圆拱形和梯田的流线形为主，在空间划分上层次有错，形象的丘陵小山包起伏突出，用流线的曲线划分区域和层次，给人舒适、宁静、安逸的感觉，本项目又位于河水环境之中，更给人宁静之遐想，元素运用十分恰当。

河岸植物分析

■ 河岸边的湿地市良好的水循环系统，虽然遭受到一些损害，也是可以保留起来做改做改造。

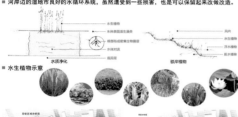

■ 水生植物示意

总平面图 1:1000

  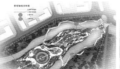 

四、设计内部分析

照明分析

■ 景观照明

景观照明是通过对人们在城市景观各空间中的行为、心理状态的分析，结合景观特性和周边环境，把景观特有的形态和空间内涵在夜晚用灯光的形式表现出来，重塑景观的白日风范，以及在夜间独具的美的视觉效果。

■ 照明与小岛关系

确立以小岛为夜景照明的构图中心和照明重点，以环湖沿线景点呼应陪衬的总体格局，通过景观照明的强羁对比、隐显对比和虚实对比，创立重点鲜明、层次清晰总体照明规划。

对环湖沿岸的主要景点设置景观照明，借鉴对景""借景"和"动观组景"等中国古典造园手法，塑造有层次、有内容、有变化、有意境的照明景观。

塑造生态小岛环湖沿岸和谐的水岸关系。

■ LED在景观设计中的优势

LED光线质量高、光谱效率高：由于LED是冷光源，没有红外和紫外的光谱成分，发热量低，半导体照明自身对环境没有任何污染，耗电量仅为普通白炽灯的1/10。

LED是一种绿色光源：LED采用直流驱动，没有闪频，显色性高并且具有很强的发光方向性，没有汞辐射污染，它既能提供令人舒适的光照空间，又能很好的满足人的生理健康需求。

全色彩演变技术：光色控制性能好，采用控制模块产生全色彩演变技术，实现1600多万种颜色的变化，能产生真实和饱和度高的色彩，实现梦幻照明的效果。

维护成本低：由于LED寿命相对较长，无需经常更换，可以大大减少灯具的维护工作量和维护费用。

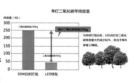

单灯二氧化碳年排放量

夜景效果图

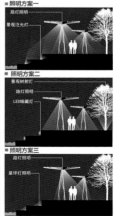

照明方案一
照明方案二
照明方案三

归园·田居
——宜宾观音镇生态小岛景观概念设计方案 03

太阳能分析

■ 太阳能能源是来自地球外部天体的能源（主要是太阳能），在景观中运用这一能源可以节约成本，降低环境破坏，对于可持续发展十分重要。

■ 平立面图

■ 太阳能既是一次能源，又是可再生能源。它资源丰富，既可免费使用，又无需运输，对环境无任何污染。为人类创造了一种新的生活形态，使社会及人类进入一个节约能源减少污染的时代。

优点

1、普遍：太阳光普照大地，没有地域的限制无论陆地或海洋，无论高山或岛屿，都处处皆有，可直接开发和利用，且无须开采和运输。

2、无害：开发利用太阳能不会污染环境，它是最清洁能源之一，在环境污染越来越严重的今天，这一点是极其宝贵的。

3、巨大：每年到达地球表面上的太阳辐射能约相当于130万亿吨煤，其总量属现今世界上可以开发的最大能源。

4、长久：根据目前太阳产生的核能速率估算，氢的贮量足够维持上百亿年，而地球的寿命也约为几十亿年，从这个意义上讲，可以说太阳的能量是用之不竭的。

■ 太阳能在徒步小道上的运用：小岛环绕一周河岸边都设有供人们散步、休闲的阶梯式小道，然而在夜间，这需要大量的电力提供光照，但是，以上的太阳能储存量以及太阳吸收能源设置已经足够满足整个小岛夜间照明的需求，这样，既节约了成本和用电量，也降低了环境污染，保护了环境。

人们到公共空间中散步、小憩、驻足、游戏，从而促成人们的社会交往的方法，在现代城市建设中，交往空间成为必不可少重要的一部分，不仅是在人们心理还是生活，人都不是个体的活动，缺少交往的，就不叫生活。

交往空间分析

■ 创造交往空间：现代生活节奏使人与人之间距离化，创造利于人们交流的交往空间十分必要，具体要做到空间边界的处理恰到好处，座位的布置利于人们交往，道路便捷利于视线引导。

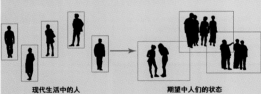

现代生活中的人　　　　期望中人们的状态

缺少沟通交流

室内空间加强人们的共处心理

休闲坐登广场为人们提供活动空间

景观小道加强各空间之间的联系

休闲廊道连接两个空间的关系　　环形坐凳视野开阔

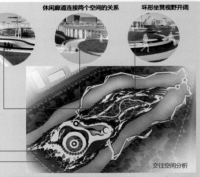

交往空间分析

广场鸟瞰图

归园·田居
——宜宾观音镇生态小岛景观概念设计方案 04

五、效果图表现

休息厅效果图

休息区全景效果图

徒步小道效果图

亲水平台效果图

廊口效果图

展现"河、小岛、树林"的主题，以自然景色为景观小岛的主调

该休息区域是利用丘陵起伏状态而设计，以圆形的设计手法表达出轻松和谐，没有菱角的呆板，流畅、舒适，建筑顶部露天的设计，利于室内采光与通风。

建筑体室内采光条件好，课满足休息、交流、娱乐等功能。

休息廊道入口处，展现出菱角尖锐的张力，事实上也是线象流畅的曲线造型。

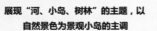

作为休息区的廊道设计，满足造型优美，功能齐全，并且绿化充分。

湖心连接平台是连接河岸和中心小岛的主要场所，除了最重要的交通功能外，在此处观景也是别有一番风味的。

河岸边的徒步小道好似山间梯田，流畅的线象给人舒适、宁静之感。

亲水平台的设计实际上也是交通跑道的一部分，高低起伏的架桥利于亲水，也利于观景。

休闲坐凳的设计围绕起伏的草坪一周，满足各个方向的视野，且多人位置，利于大家交流。

休闲凳效果图

廊道全景效果图

湖心连接平台效果图

02

绿锈重生
——攀枝花弄弄坪铸钢厂景观再生设计方案 01

作者：苏贵景
指导：姜龙

前言

城市化的过程离不开工业经济的发展，在新兴的城市以及在工业园区内，工业用地却占凑人极大的比重。而我国在社会经济飞速发展的今天，大批的工业产房遭到闲置，带来土地、资源、环境等诸多的问题。

攀枝花是一座现代新型工业城市，被誉为"钒钛之都"。在短短的几十年间成绩斐然，然而自然也出现了建筑垃圾。

区位分析

攀枝花弄弄坪铸钢厂位于四川攀枝花市西区，东区相接，座落于大黑山脚，金沙江北岸，弄弄坪铸钢厂毗邻西区核心区域——清香坪大生活区、攀枝花市西区政府、攀枝花市西区公安局、攀枝花市西区检察院、攀枝花市第二人民医院、攀枝花市第七中学、大黑山自然保护区等，基地面积约55629m2。交通四通八达，场地具体位于格萨拉大道和弄弄坪西路两条主干道之间，是前往攀枝花著名旅游景点——格萨拉生态旅游区的必经之处。是攀枝花一个非常重要的城市节点，其影响辐射于整个清香坪片区。

现状分析

该厂房外接攀枝花东区弄弄坪西路，地势北面高，南面低，东西两面分别是山坡，场地内核心区域为低洼的平地，整个设计用地面积约：55629 m2。周围建筑有学校、社区、医院、宾馆、餐饮等。

场地优势分析

研究场地内有一定数量的具有鲜明结构特征的厂房、办公用房、工业构筑物、原有遗留的生产产品以及设施，可保留下来作为重要的工业景观符号和景观设施

场地劣势分析

1、场地处于三面高山环绕之间，山体多为单面山地貌，厂区场地地势相对较低且狭窄有明显的压迫感。

2、由于攀枝花特殊的气候情况和地形条件，周围群山基本无乔木和绿灌木，冬季优于干燥经常起山火，裸露个山体多是光秃秃的状态，自然景观效果极差。

3、厂区内有效的绿化面积不大，植物种类较少且极为凌乱，植物景观形式单一而混乱。

现场分析

地形分析

攀枝花弄弄坪铸钢厂原厂址所处地势北面高，南面低，东西两面分别是山坡，山坡坡度30-60度不等，场地内核心区域为低洼的平地，在厂区内中部有一条处于主生产区与办公宿舍区之间的已经被生活污水所污染的由北向南流经的小溪，山顶高程1800-2600m。

工业元素

管道——工业血管

管道——工业血管

轨道——工业运输的主要系统

钢架——工业设备中的结构线

高架——工业运输的过渡区

厂房——工业生产中的操作间

气候分析

攀枝花市气候独特，属南亚热带亚湿润气候。具有夏季长、温度日变化大，四季不分明，降雨少而集中，日照丰富，太阳辐射强，气候垂直差异显著等特征。

绿化及热岛

热岛效应是由于人的活动和建设，造成城市热量排放增加，并改变了城市保温属性造成城市温度高于郊区。热导效应提高了人的不舒适度使得病几率。要通过环保减排的方式改变情况。

地形起伏对气流的影响

高地、树、高层、建筑能减少光照系数。

突变的形体引起令人不快的空气端流。

工厂废弃地内有丰富的设计要素可以挖掘，如吊塔与铁轨、散落的炼钢炉、运输原材料的车子、各种废旧的机器等。另外还有砖片、废弃钢材、钢管等工业生产材料。

这些废弃的已经失去生命力的工业发展的见证物，都会设计中需要考虑的。

设计策略

保留 保留了工厂的肌理、人文景观。保留一些建筑物、构筑物、设施结构或构造上的一部分。

利用 利用厂区内构筑物利用形成自然雕塑。

再生 延续城市的记忆，创造有地域个性和时代精神的空间。

设计理念

本次设计采用"融合"。"融合"——工业废弃地就像一个打乱了颜色的系统一样，降低了综合效应。要想使其重现生机并得以良性的持续发展则需将所有的景观元素在"融合"中重新整合，达到环境更新、生态恢复、文化重建、经济发展的综合目的。

设计意义

本次改造为商业、文化综合性园区的意义是：

1 保护历史的意义：工业废弃地是人类活动的遗存，承载这时代的文化记忆。

2 保护环境意义：将旧的工业景观、厂房作为现存的环境开发再利用。

3 变费为宝：将场地进行改造并重新应运，重新发现工业遗迹

鸟瞰图

绿锈重生
——攀枝花弄弄坪铸钢厂景观再生设计方案 02

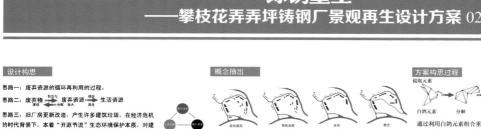

设计构思

思路一：废弃资源的循环再利用的过程。

思路二：废弃物 → 废弃资源 → 生活资源

思路三：旧厂房更新改造，产生许多建筑垃圾，在经济危机的时代背景下，本着"开源节流"生态环境保护本质，对建筑垃圾循环再利用，重新投入使用。

设计概念分析

历史文化功能 ＋ 生态功能 ＝ 历史文化功能与生态功能结合

历史文化功能 ＋ 休闲娱乐功能 ＝ 历史文化功能与休闲娱乐功能结合

历史文化功能 ＋ 商业经济功能 ＝ 历史文化功能与商业经济功能结合

→ 多功能组合的商业文化综合园区

建筑改造分析

概念抽出

原有建筑　　整体规划　　变形　　整合

色彩美学分析

绿色-生态、自由的活动草坪、工业绿肺、城市绿肺。

黑色-生锈的金属、铜厂侵蚀的地面记载着工业足迹的黑色文化。

红色-生废弃的红砖铺就着文明、场地记忆的延伸。

延伸

生态 ── 历史

方案构思过程

提取元素 → → → →

白鸽元素　分解　重叠　拼凑　成形

通过利用白鸽元素组合重构来传达设计意念，超越以前，承载这时代的文化记忆。

设计说明

本次设计是对废弃的铸钢厂改造及景观重新规划，通过"保留、改造、新建"原则进行规划，充分利用现有厂房、办公楼、不改变厂房、办公楼的基本结构，不破坏铸钢厂的整体环境，仅对厂房、办公楼及仓库等工业建筑进行外立面进行改造，对建筑内部进行必要的改造、装饰，将厂房、办公楼整体改造成为商业文化综合园区，同时也是普通人体息、放松、小型城市公园。让人们在重温艰苦岁月同时不自觉的进入另一让人激动又沉静思索中的世界。

立体绿化分析

设计切入点——光与影

光，是人们感知到的重要造景，随着时间和季节的变化，光的强度和角度发生变化，同让光才让那的变化创造出人类自然的世界，没有光也就没有了空间感。

如何利用废弃地内的建筑将其变身为宝，充满新的生机，是本次改造的重点。因此在本次设计中不改变建筑结构，只对建筑外立面进行改造。

厂房改造成为创意产业区。主要运用的材料：原有的钢板、玻璃、空心砖、沙石等。

在建筑改造中都充分利用了太阳能板来提供建筑用电能所需，建筑屋顶采用立体绿化，保证建筑改造的绿色、环保、可持续发展。

景观结构分析

空间类型分析

功能分析
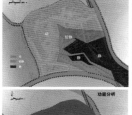

交通流线分析

空间类型分析

N

0 10 30
5 15　单位：m

① 主入口雕塑　　　⑫ 水榭广场
② 生态停车场　　　⑬ 特色雕塑区
③ 主入口特色铺装　⑭ 生态雕塑厅
④ 特色桥架　　　　⑮ 齿轮雕塑区
⑤ 创意办公楼　　　⑯ 保留景观轨
⑥ 钢雕广场　　　　⑰ 空中走廊
⑦ 艺术雕塑　　　　⑱ 景观戏水场
⑧ 综合办公楼　　　⑲ 生态平台
⑨ 特色花廊　　　　⑳ 工业景观廊
⑩ 废弃车件处　　　㉑ 景观大道
⑪ 自行车停车处　　㉒ 特色平台
⑫ 工业历史展览馆　㉓ 特色看台
⑬ 商业街区　　　　㉔ 钢管竹林
⑭ 商业区广场

总平面图

绿锈重生
——攀枝花弄弄坪铸钢厂景观再生设计方案 03

■ 元素提取

利用废弃的机器零件——齿轮变形形成自然景观。

■ 厂区主入口铺装设置四块钢板，镌刻厂区。代表从建立、形成、停产和转型四个重要的历史事件，向人们诉说厂区的发展历史。

■ 地面铺装采用厂区废弃的红砖铺就，体现出鲜明的工业生产印记。

■ 生态穿越廊：在设计中忠于自然发展规律，通过植物的烘托，使其与环境完美结合，同时里面空间文化艺术气氛浓厚，大量的工业零件雕塑，让人们能与之对话。

■ 抗污种植示范区：由于铸钢厂生产产生的氯气、二氧化硫、氟化氢等对环境产生污染，因此利用废弃厂区内废气的钢管，把它变废为宝，重新利用，每个钢管内都采用了当地植物树种，提高环保意识，满足了人们对大自然田园生活的体验。

■ 植被分析
厂区内现状植被主要是本地常见植被，局部少量人工零散种植的蔬菜、香蕉林、果树、剑麻等，积水塘内的主要水生植物是水葫芦，杂草主要有酢浆草、香附子、牛筋草、马唐、鼠曲草、双穗detail草、艾蒿、蛺果菜菜、空心莲子草、车前草、胜红蓟、圆果雀稗、小飞蓬、天胡荽、黄鹌菜等，但场地内现状植被侵害严重，大片的自然植被已被破坏，大部分零星小片的自然植被和危害植被在设计时将会铲除，重新规划，尽量多保留一些大片的现状自然植被

■ 太阳能发电系统分析
由于考虑到该区人们可以在这里乘凉，因此在花廊处设计了太阳能发电系统。

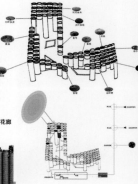

绿锈重生
——攀枝花弄弄坪铸钢厂景观再生设计方案 04

手绘效果图

本次设计是对废弃的铸钢厂改造及景观重新规划，将厂区内存在的废弃构筑物保留，重新组合，形成新的建筑、雕塑等景观，使人们走在园区中可以看到以前工业景观的蛛丝马迹，引起人们的联想和记忆。

03 攀枝花国胜乡集镇景观改造设计 01

作者：颜云川
指导：蒲泽敏

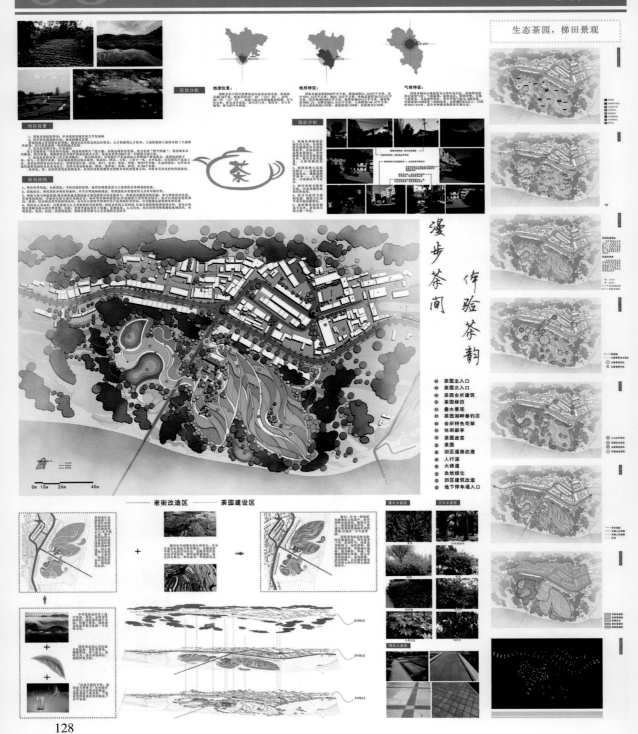

生态茶园，梯田景观

漫步茶间 体验茶韵

老街改造区　茶园建设区

攀枝花国胜乡集镇景观改造设计 02

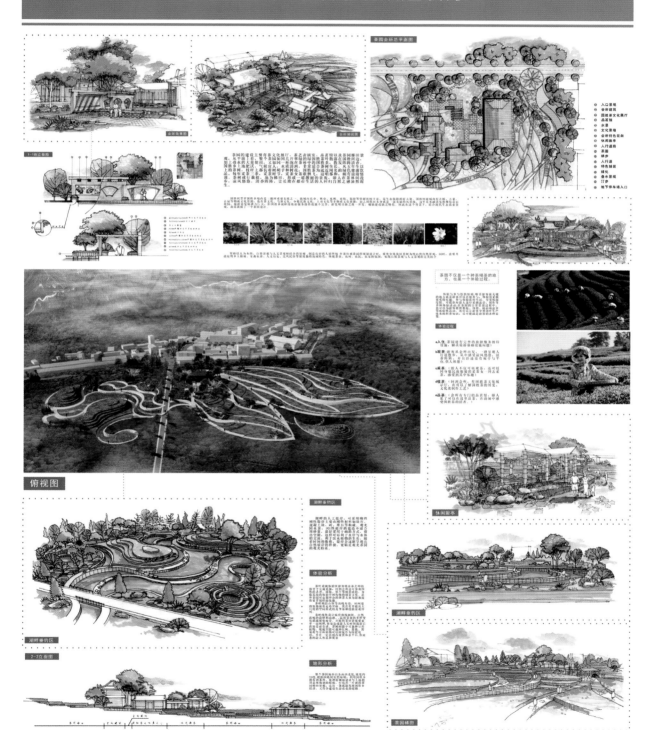

攀枝花国胜乡集镇景观改造设计 03

集镇改造设计篇

绿化设计—规划集镇公共绿地、单位绿地等

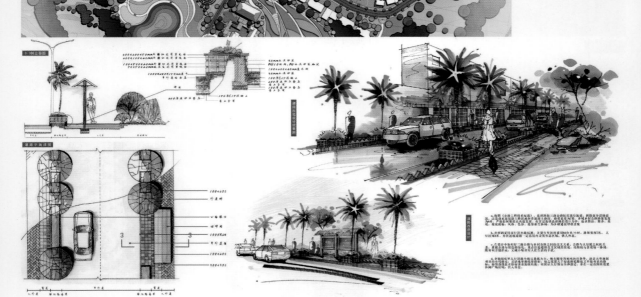

04

交融·共生
——攀枝花学院校园广场景观设计方案 01

作者：颜云川
指导：蒲泽敏

前 言

通过对校园广场设计乃至重新设计建造，重塑校园的新形象和新面貌。广场是大学校园的重要开放空间和场所，并且有丰富开放空间，充分体现"场所精神"，起到强化学校人文气氛的作用，为学生提供方便、舒适的户外活动场地，从而对优化校园的整体空间结构做出重要贡献。校园文化也是校发展的历程，校园广场文化是重要载体之一，其环境本身就是文化的一种表现，它从校园的自然环境和历史出发，继承和改善校园的物质环境，提供了空间场所，记载了历史沧桑，展现了校园精神，对校园特色的形成起着重要作用。

项目区位

攀枝花学院位于祖国西部最大的钢铁工业基地、国家新型工业化产业示范基地、"中国钒钛之都"四川省攀枝花市，是教育部布点在川西南、滇西北唯一一所以工为主的综合性普通本科院校。其前身是始建于1983年的攀枝花大学，1994年攀枝花教育学院与攀枝花大学合并，组建新的攀枝花学院。学校秉承"育人为本、励精图治"的办学理念和"明德砺志、博学笃行"的校训，大力弘扬校园文化主旋律，努力培育健康向上的校园文化氛围，着力建设平安和谐文明校园。学校充分利用攀枝花独特的气候特点，精心打造具有浓郁亚热带风光特色的校园自然环境，是攀枝花享有盛誉的花园式学校和园林式校园。

功能问题

根据不同的组团空间的功能划分景观功能分区，营造各种不同氛围的人文景观环境，使生态异质多样化组建景观带，营造不同建筑组团的景观分区。

道路问题

道路系统既考虑功能行进的要求，注重对环境质量的影响。"路"——本案的道路系统基本以两条系统构筑，"曲路"和"直路"为主，同时引入山地绿化景观系统。

植被问题

根据植被共生，植被生态学原理，进行乔灌木，绿篱的合理、有效的配置，突出植被多样性的特点，改善环境质量，合理配置一个有层次，厚度和色彩的生物多样性。

景观意向问题

根据基地现状，对存在的景观规划问题进行整合，各个不同部分不同功能需求进行合理设计，努力打造和谐的人文景观，使其成为一个师生交流、互动、学习和游玩的舞台

现状分析

现状区位

学院C区广场周围南部是学府酒店，东部是我校图书馆和静明湖畔，西面临后山的芒果树林群，北部面临攀枝花市公园和动物园区，面积较大多为山地和丛林树群密集区域，美化了校园的绿化环境提高了空气质量。

现状地貌

整个C区高差明显，北高南低，西高东低，坡度较大，设用地主要是上方的教学楼间的最大平面面积区域，变化明显，梯道长而高，上坡难度较大。

现状道路

横向纵向平衡，宽而通畅，整个线路环绕包围着这一片的环境，小道和游玩小径较少，大多是大道通往各个区域。

场地问题分析

场地环境中布局单一简单，没有多大的环境变化和特色。植物的配置和种植较少，印子铺铺面积较多，显得单调，游玩区和学生交流的场地较少减少了学校的学术氛围。

设计范围及周围环境

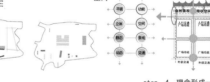

设计定位

景观

点线面相结合在环境景观中的点，是整个环境设计中的精彩点。这些点元素经过相互交织的道路和建筑等线性元素贯穿起来，点线面景观元素使得校园的景观空间变的有序而层次。在进入C区的大梯道上，线与线的交织又形成面的概念，这个面又是整个广场景观汇集的高潮。点线面结合的景观系列是校园广场设计的基本原则。

空间

设计理念的探索

step 1 探究本区的不足

广场景观节点少，没有特色的景观小品和校园文化内涵不够丰富，小的游园和步道不够，植物的配置也没形成统一的景观轴线和景观节点，因此本案在纵向中链接校园的空间和景观。

step 2 分析现状 解决问题

设计后的C区广场与教学楼交织在一起，加强和方便各个教学楼空间之间的联系，功能围绕此核心有机布置，景观上创造多层次的校园生态系统，使理性的建筑实验和浪漫自由的广场气相结合。

step 3 空间设计

通过对教学楼周围的空间分析，以及各个空间人车流的分析，锁定重点设计的场所空间，进行二次设计。本案重点锁定了三个区域。在上面一块面积较大的广场中心，其中含有三个重要的节点，如景观桥、水池旁边的游步道廊架和室外相互交织的景观墙使的开放式的画廊空间。第二个区域是下面的水景广场和小的读书广场空间，重点是营造好的学习交流室外氛围。

step 4 理念形成——交织

文脉的交织，以地处的环境和学院的思想文脉为暗线，以景做暗景观桥为明线来表现，重点做暗景观桥来接它们。创造出校园的文化，把握时代脉搏，交织在这个和谐的学术交流学习空间中。

鸟瞰图

交融·共生
——攀枝花学院校园广场景观设计方案 02

设计构思

设计思想

相对营造 — 心理交流 → 纵横交错 空间交织
行为交流 灵活多变 → 交互式 → 结构交织 正负结合
设计作品

整个设计都是以交织为出发点，利用各种不同的造景手法以及交织的形式，形成一种视觉以及功能都是具备现代大学校园景观特色，呈现出优美的校园环境。

多元化

几何圆形矩形的各种结合更还的表达多元化的丰富性特点，在建筑、景观的构图和组合中，灵活运用几何图形多变的特性，可以极大的增加空间的变化和再创造。

空间化

在大自然中为学生设计生态的课堂，营造户外的学习交织空间，利用自然的环境，让人们身在其中感受学习的氛围。

自然环境 人文环境 交流环境 生活环境 → 提供需求 (减少) → 大学校园 → 现状问题 (增大) → 生活问题 建筑问题 环境问题 交通问题

水陆空气的交换

白天，太阳使土表升温，暖空气向上升水体的净空气侧向陆地运动填充这些障碍。

During the day, the sun makes the soil surface temperature. Warm air rising water clearance Gas lateral movement filled the land Some obstacles.

夜晚植被被覆盖在陆地上的冷空气流向水体。

The night of vegetation coverage on land Cold air flow to the water

水、植被反射性表面反射的强光可以增加热量。

Water, vegetation, reflective surface reflection The strong light can increase the heat.

设计说明

本方案寓传统理念于广场设计中，以校园文化为重点，将此空间规划为学习，交流，互动为一体的空间环境。景观桥的设计是连接和平衡建筑与景观，让学生们的学习环境和户外活动交织在一起。广场中心的方形和水池打破了完全中轴对称的呆板。周围的小景观节点利用设计游园的手法寓以其中。设计遵循了人性化的设计理念，结合道路空间的美学特点和路者的视觉特性，充分考虑到现代条件下速度因素对景观形成。景观尺度等的影响，进行科学、合理的设计，使道路成为优美、亲切、宜人且富有活力的工程场所，使景观有了艺术的灵魂和价值，校园形象也将充满生机和活力。从而实现校园景观特色。

矩形、圆是几何中最基本的形态，通过一定的组合，穿插符合力学结构学的原理变演变成这样的造型。

景观桥形状分析示意图

设计分布

广场布局中主要的面积分为六大块，其中以硬地铺转和绿化面积作为主要的占地面积，大约占有百分之50的面积，其次是本身存在的建筑占地。约为五分之一，在这样的一个比例中，因而以景观带和景观节点来平衡和链接好各个地方的关系和联系，形成高效的用地方法。

水域面积

道路面积

建筑占地

硬地铺转

绿地面积

公共开放空间

绿化率 23%   容积率 8%

道路分析图

景观轴线节点分析图

分区示意图

动静态景观分析图

高差分析图

景观桥立面图

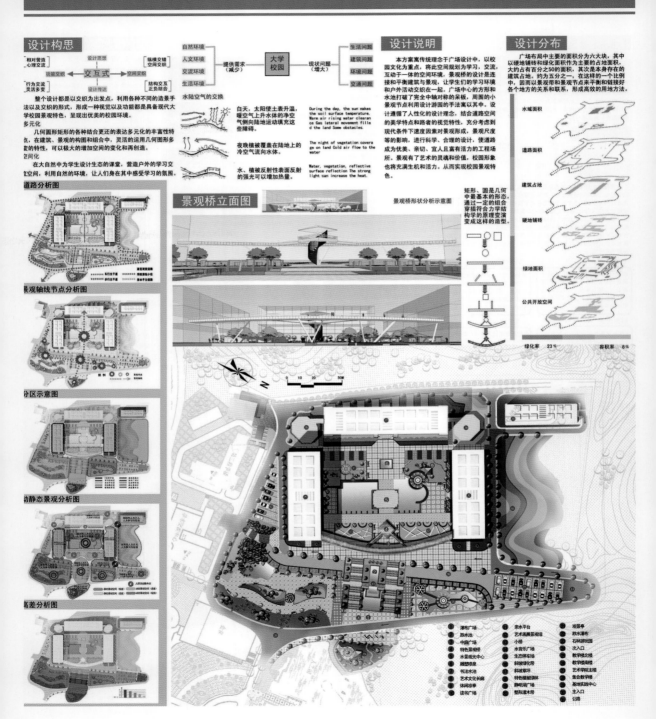

潜水广场 跌水池 中庭广场 特色景观桥 水景观中心 书法水池 艺术文化长廊 特色植被园林 静观广场 读书广场

亲水平台 艺术画廊景观亭 小桥 水音乐广场 生态停车场 斜坡绿化带 斜坡观景林 静观广场 整形灌木带

观景亭 跌水都市 石林烧烤园 次入口 教学楼北楼 教学楼南楼 艺术学院主楼 集会教学楼 体育活动中心 主入口 公路

交融·共生
——攀枝花学院校园广场景观设计方案 03

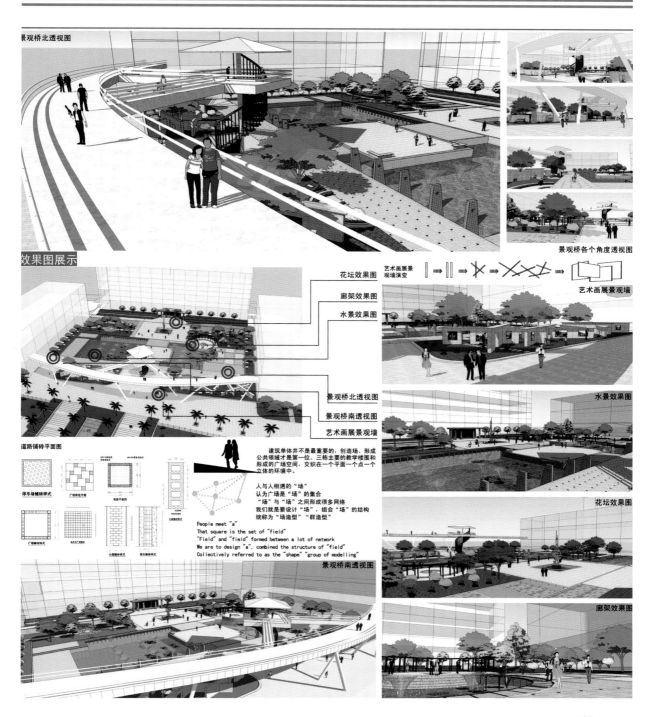

景观桥北透视图

景观桥各个角度透视图

效果图展示

花坛效果图
廊架效果图
水景效果图

艺术画展景观墙演变

艺术画展景观墙

景观桥北透视图
景观桥南透视图
艺术画展景观墙

水景效果图

道路铺砖平面图

停车场铺装样式
广场铺砖平面图
地面平面图

广场铺装样式
小广场入口平面
小道铺装样式
绿石铺装样式

花坛效果图

建筑单体并不是最重要的，创造场、形成公共领域才是第一位。三栋主要的教学楼围和形成的广场空间，交织在一个平面一个点一个立体的环境中。

人与人相遇的"场"
认为广场是"场"的集合
"场"与"场"之间形成很多网络
我们就是要设计"场"，组合"场"的结构
统称为"场造型""群造型"

People meet "a"
That square is the set of "field"
"Field" and "field" formed between a lot of network
We are to design "a", combined the structure of "field"
Collectively referred to as the "shape" "group of modelling"

景观桥南透视图

景观桥南透视图

廊架效果图

交融·共生
——攀枝花学院校园广场景观设计方案 04

植被与空间联系示意图

C区广场总体地势高差较大，坡度明显因而在种植植被时考虑坡度和高差问题，低矮灌木和高大树木还有草坪不同类型的植物相间种植，合理分配，让此区域有不同的景观特色和空间感。

A-A剖立面图

B-B剖立面图

手绘节点效果图

植物园区剖立面图

景观小品

休闲椅　　雕塑　　艺术水景雕塑

指示路标　　山石水景

节点剖面大样图

读书广场效果图

折线形的休闲座户外长椅，木质花坛座椅供人坐享，享受这种宁静的氛围、和谐的校园环境，营造更多自由的户外学习交流空间。

特色水景休闲区效果图

水景的基本功能是供人观赏、使人养心悦目，因此校园设计利用场地的自然坡度，为这个环境设计了一个水池，高低层次不同的景观墙满足艺术美感，丰富景观的使用功能。

静明湖广场节点效果图

道路线性的转换带来了沿途风景的不断变化，圆形的水池配上灌木，植物丰富多彩的风景大大提升了行进过程的吸引力。

音乐广场鸟瞰图

音乐广场效果图

音乐广场效果图

05

飘
——宜宾翡翠岛景观概念设计方案 01

作者：李荷月
指导：姜龙

前期分析

项目简介：

宜宾县观音镇位于四川盆地南部，宜宾县北部，越溪河横贯全镇，幅员面积241平方公里，管辖52个村（社区），总人口8万余人（其中城镇人口2.5万人），中心城镇建成区面积2平方公里，是宜宾县第一大镇。

此设计方案地处宜宾市观音镇一处小岛上。小岛面积约四万多平米，周围流水环绕，因城市发展滞留，没有得到一个好的利用，这对于社会是一个极大的浪费，因此改建是顺势而为的。

区域发展战略分析（SWOT）：

S（优势）：

该区域位于观音镇镇中心，临近商业区，交通便利，商业发达，区域内水域较广，此项目处于两河交汇处，景观资源较好，犹如浮萍飘于湖中央，地理位置极佳。

W（劣势）：

区域内两边河岸线只有河堤护墙，长期以来人们乱扔垃圾，造成植物破坏，水体污染，孤立河堤不利于个空间组织之间的联系。中央小岛平地用于某驾校练车，造成了资源的浪费。

O（机会）：

随着人们生活水平的提高，对于休闲娱乐和精神追求有更高层次的要求。此项目地理位置极佳，景观资源丰富，重新规划改造是必然的。

T（威胁）：

大量人工化开发应考虑与城市的对景和对自然生态环境的尊重，否则生态系统会遭到更大的破坏。

地形分析：

地势相对平坦，小岛中央较平，除部分区域，难见远处山峦。

城市分析：

正处于建设中，趋近于现代化城市。城市新区开发较快，旧城区在改造之中。

交通分析：

城区绿化一般，城区交通道路较良好，与小岛道路连接状况有所欠缺，不够完善。

气候分析：

宜宾市观音镇属中亚热带湿润季风气候。具有气候温和、热量丰足、雨量充沛、光照适宜、无霜期长、冬暖春早、四季分明的特点。5~10月为雨季，降水量占全年的81.7%，主汛期为7~9月，降雨量集中，占全年总降雨量的51%。年平均日照数为1000~1130小时。

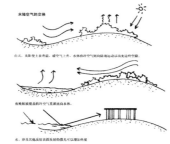

水随空气的交换

白天，太阳照在水体，暖空气上升，水体温冷空气随湿地流入来补充空间

夜晚陆地散热的空气随于来补充水体

地块现状分析：

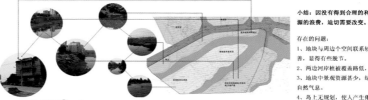

人文分析：

市民生活水平日益改善，对精神生活追求日益提高，对于休闲 娱乐的方式及环境较以往有更高的要求。

生活

自然

文化

植被分析：

树木，植被存在多样化。气候条件较为适应多种植物生长。植物配置注意乔、灌、草结合高中低充分利用空间，叶面积指数增加，也能提高生态效益，有利于提高环境质量。

竖向分布：

高层植物：以挺拔树种形成竖线条，加强空间感。

底层植物：以带状分布形成清晰的层次，突出不同色彩、高度的搭配。

小结：

因没有得到合理的利用以及开发，造成了资源的浪费，迫切需要改变。

存在的问题：

1、地块与周边个空间联系较为疏散，道路连接不完善，显得有些脱节。

2、两边河岸被覆盖路低，只有河堤，略显僵硬。

3、地块中景观资源甚少，绿化面积小，缺乏生态的自然气息。

4、岛上无规划，使人产生倦怠感。

鸟瞰图

飘
——宜宾翡翠岛景观概念设计方案 02

飘——翡翠岛景观概念设计方案
The landscape concept design of Jade island

设计构思

"翡翠岛"寓意就是生态的,绿色的,象征生机勃勃发展的休闲宝地。飘,其独特的地势犹如一叶扁舟泛于湖上;亦是人们轻松愉快的飘然心境,带给人们愉快轻松的归属感。

设计来源

通过上述综合分析,由于翡翠岛没有得到一个好的利用开发,造成了资源的浪费,迫切需要改变。本次设计是景观概念设计。翡翠岛视野开阔,流水环绕,远望如同一叶飘于湖中。主要运用了浮萍和飘带的元素,对翡翠岛重新规划布局,完善道路连接状况,展现轻盈和韵律感。还运用大量可再生材料及能源,秉承可持续发展原则,打造一个轻松愉快,生态环保节能的休闲绿地景观。

设计元素分析

重组、排列 → 简化 → 整合

生态植物区分析

废弃地修复

通过坡地造林,改善水土流失状况和土壤质量,秉承可持续发展原则,打造生态景观,从边缘地带辐射到周边环境,给绿色基础设施创造更多的可能性。

植被贫瘠　　逐渐修复　　生态景观

改善方法:

有机渗透:绿地植物,构建流水开放性网络系统,颜直自然生态的开放性的绿色景廊,加强滨水区与周边环境的联系。

景观节点:浮桥分析

由于浮桥以浮动基础来代替复杂的水下固定基础,当现场水很深很久或水底非常柔软时,可用抛锚方法固定,水浅时可打桩。浮桥便于架设,便于拆除,利用水的自然浮力,既不需要传统桥墩也不需要良好地基,同时出于经济性考虑,浮桥就成为了较好的选择。

传统浮桥多以在船或浮箱上架梁,船只首尾相连成纵列式,上下游设置缆索锚定,以保持桥轴线稳定,为适应水位涨落,两岸应应设置升降栈桥或升降码头。且浮桥使用寿命在15年以上,造价合理,经济,从长远来看,可省下数庞大的维护,保养,更替,检修的费用和时间。

此次浮桥造型由浮萍演变而来,远观如同片片绿带浮于水上,上下倒影,相映成趣。桥面下方加藻类净化装置。而且这些绿藻浮桥可在这一区域形成了一条生物燃料的产生地,通过净化装置吸收二氧化碳的桥者是隐藏着的水中隧道的一个可见的标识,河上的公园道路周期性的改变可以起到重塑城市形象的目的。

空间关系分析

输入　　　　输出　　　　交织

总平面图

设计分析

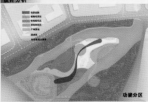

功能分区

交通路线分析

景观轴线分析

景观分区

景观节点:阳光广场分析

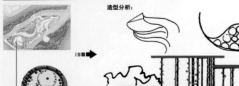

造型分析:

顶面造型:

结合浮萍和飘带的元素。曲线增强流畅性和韵律感,镂空设计,加强阴影效果。增加空间视野开阔性,以及距离纵深感。

高差造型:高低错落,丰富立面层次。

色彩造型:红色流线型为顶,与灯具设计形成强烈对比,达到增强视觉效果的目的。

照明:以杆为支撑,可作为杆灯。白天为植物造型,内置LED灯泡。晚上可提供照明服务。

广场立面图

照明分析:

利用太阳能装置,完成电池的循环转化充电,有效的节约能源,降低成本。

内置的LED灯,是由无毒材料构成,安全无毒且LED光源均可回收再利用,不会对环境造成污染。

灯具示意图

飘
——宜宾翡翠岛景观概念设计方案 03

飘—— 翡翠岛景观概念设计方案
The landscape concept design of Jade island

效果图展示

浮萍吊桥效果图

休闲平台效果图

休闲平台临近生态植被区，通过浮萍吊桥连接两岸，以圆形平台为主，四周配以环形坐凳，与生态植物区长带式形成对比，周围植被丰富。与其他地方相比较而言，相对清静。

景观墙效果图

浮萍吊桥和景观墙运用浮萍元素作造型，将植被用作墙面和桥面装饰，简单而纯粹。

景观桥效果图

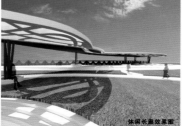

休闲长廊效果图

休闲座椅区效果图

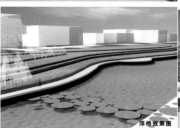

浮桥效果图

密林景观步道效果图

休闲座椅区采用将座椅内置于植被造型中，侧置于游乐休闲，滨临水域，视野开阔，更能体现人性化、亲水性的设计理念，形成热闹的、充满人气与活力的岸线。这些绿色基础设施，能持久改善环境质量。

设计分析：

翡翠岛的这次设计整体采用流线为主，圆为辅的造型。告别传统轴对称式的景观绿地等，以绿色植被为主，红色加以点缀，观景走廊连通翡翠岛首尾，跨度较大。各空间之间联系紧密，开放性强。

景观桥从彩虹桥下穿过，连接亲水步道与翡翠岛中央的浮萍广场，两桥相交，完善道路连接状况。能更好的加强两岸植被区与翡翠岛中央地区的联系。

休闲长廊采用红白相间造型，呼应曲线小径，整体造型流畅。长廊下的圆凳可供人们休息。视线开阔，道路完善便利，密林景观步道是连接阳光广场，休闲长廊以及通过浮桥到达对面生态植物区的重要交界处，地面装饰以红色流线为主，配以乔灌木，是一个很好的景观过渡带。在满足功能的同时，丰富的植物能起到吸收二氧化碳，调节环境质量的作用。正是符合翡翠岛生态环保、绿色的设计原则。

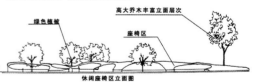

高大乔木丰富立面层次
绿色植被
座椅区
休闲座椅区立面图

飘
——宜宾翡翠岛景观概念设计方案 04

飘 —— 翡翠岛景观概念设计方案
The landscape concept design of Jade island

效果图展示

观景走廊分析

1、流畅性。观景走廊造型元素由飘带而来，整个走廊均由曲线构成设计。人在行进过程中展现飘舞轻盈的动态美。

栏杆：内置支撑透明材质板条。不影响远观整体效果。

栏杆局部立面

2、起伏。观景走廊采用架空设计，用支柱支撑起来，跨度较大。远观似飞舞的飘带一样起伏有致。
3、收放自如。观景走廊宽度在2-5米之间流畅变化，中间最高点最窄，体现轻盈的感觉。
4、色彩。红色洋溢着城市的热情。红色，她一目了然，红色，激情，开放，活力四射。

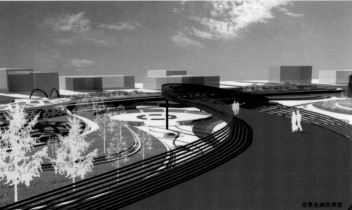

观景走廊效果图

小结

本概念设计在于给人塑造轻松，愉快，充满阳光的休闲生态滨河绿地，"翡翠岛"寓意就是生态的，绿色的，象征生机勃勃发展的休闲宝地。加大绿化面积，便水，植被，道路之间更加融洽合理。红色观景走廊贯穿翡翠岛中央，拉伸整体空间感和纵深感，架空设计丰富立面层次。红色主动，绿色主静，意在给市民一个全新的感觉和体验。

手绘表现

06

怡 居
——攀枝花迤沙拉彝族村落保护与改造设计方案 01

作者：朱静
指导：姜龙

A 基地分析篇
BASE ANALYSIS ARTICLES

位概况

理位置： 迤沙拉拉村位于攀枝花市仁和平地镇东南隅，北与大龙潭乡相连，东与凉山州会理县绿水乡隔沙江相望，西与白拉古村咫尺，南与平地村接壤，108国道和成昆铁路经过该片区域。

候： 攀枝花市属于南亚热带——北温带的多种气候类型，被称为"南亚热带为基带的立体气候"，具有季长，四季不明显，干、雨季分明，昼夜温差大、气候干燥、降雨量集中、日照多（全年2300至2700小时），阳辐射强（578至628千焦每平方厘米），蒸发量大、小气候复杂多样等特点。

色分析： 迤沙拉是我国彝族第一村。它以其悠久的移民历史和独特的驿站地位，以其处于金沙江畔我国个最大的彝族自治州凉山和楚雄那的结合部的优越地理位置，从而成为我国移民史、西南彝道史、彝汉交往等一系列重大民族历史文化问题研究的最理想的对象。迤沙拉是民族历史文化资源极其丰富，品种非常齐全，蕴更显深厚，个案尤为典型。据统计，是民族历史文化的……彝族第一村，民族文化独具一格，是区彝文化的融合体。

iSWOT分析：

优势（strenghts）：
中国彝族第一村·可大力保护旅游业
丰电交通·自然风光壮丽·神秘的特色文化
"彝这和谐"的文化品牌——政治·文化·生态
私人生活·玛马棍盆为特色旅游地民居建筑风格·…玛马棍彝族民居及审风貌·
破坏的交通条件·距离攀枝花62km·距离成都市最高的最高容积率——昆明200km

机遇（opportunities）：
彝的传统建设·赶上国家"十一五"规划
攀枝花迤沙拉彝族村保护改造获得了新的机遇
文化遗产保护的政策·文化旅游的开发·古村落与传统村落·旅游的开发

劣势（weaknesses）：
古村落整体维护的缺乏·神秘文化的流失
特色村落建筑风貌·文化传流失·文化的流失
资金·基金·人才的产业缺乏
·平地·水源的彝族风貌

威胁（threats）：
同质化竞争·西部出现众多的云南整体森族民居
村·民间山坡吊脚楼传统村的保护
·现代旅游建设的现代性的侵蚀

B 方法分析篇
METHOD ANALYSIS ARTICLES

水系统

文化

特色文化
传承彝族语言
述文学
乐舞蹈及曲艺
统工艺及技艺
筑艺术
民俗文化
食文化

恢复

自然园林
道 防护林网
底 农田肌理

现状分析

地块分析总结（Summary of site analysis）

主要矛盾的提炼 ………………………… 相对优势的把握

Question主要问题： Question问题1：文化的流失与产地 彝文化景观 传统建筑遭破产毁坏
Question问题2：…整体的古村保护与当地农业经济发展、影响村民的持续发展、文化的流失

METHODS解决途径：

1：重塑文化 彰显特色
建筑—— 分块保护 形成各个民居民俗特色的旅游基地
展示—— 利用民俗博物馆、特色建设史、装扮等来传承文化
体验—— 体验可亲自体验农事生产、参与其中、增强…点和记忆

2：以人为本
设计改变性在于，最终目的是进入村民入口空间、多…体以人为本的精神文化生活

京研文化——规范西文脉斯契

规划总平图
Master Plan
1:1000

C 设计规划篇
DESIGN PLANNING ARTICLES

方案形成过程

怡 居
——攀枝花迤沙拉彝族村落保护与改造设计方案 02

怡 居
——攀枝花迤沙拉彝族村落保护与改造设计方案 03

怡 居
——攀枝花迤沙拉彝族村落保护与改造设计方案 04

D 景观设计篇
LANDSCAPE DESIGN ARTICLES

道分析

沙拉村落依地势而建，高低错落、有柳暗花明又一村的感觉，沿着弯曲的巷道不知不觉就到了山顶。而街道内部空间的建筑次序是村落传统布局的特色。

足：
部分村民意识浅薄与认识不到位，对历史文化的了解不够，随意的搭建接口圈和操示
在布局上没有遵循建设与划原则，材料和建筑上也是不伦不类，活动场所。

解决方法：
1) 延续街区建筑的传统布局，限定保护与改造街区建筑的文件
2) 必须降低建筑控制区的建筑密度、建筑规模和建筑特色，将村内的近代建筑与传统建筑符号相协调。

"古道"室内分析篇
LANDSCAPE DESIGN ARTICLES

大厅散座效果图

院景观效果图

咖啡屋设计来源分析

平面图

设计说明：古道咖啡屋位于迤沙拉村落井东北方向，设计风格主要围绕自然与人这个主题进行的构思与设计，古建筑与现代简约建筑的碰撞，将现代元素与古老元素有机结合起来既有E时代的概念设计又有传统的沉静与思考。体现出迤沙拉强大的包容性和多元性的融合美特点。

建筑分两大部分：咖啡厅、书屋，地下停车场高为2.8米，主要停靠自行，书屋屋高3.5米，咖啡屋屋高3米。

建筑外观效果图

咖啡屋吊顶效果图

特制羊皮方灯，古色古香，舞台斑斓的灯光烘托书吧咖啡厅动感地带的独特魅力。

古屋书吧——心灵歇息圣地
建筑亮度"灯带设..." 森林中的精灵

小型吧台设计效果图
室内陈设品-仿古"马灯"
照明灯具马灯-追梦的物白暖，追迷的化身，现在把它用于各散座间，这样便整个空间变得具有情趣，滚滚的历史痕迹也是一种文化的体现。

室外露天茶桌效果图
采用当地山上的异石雕制出仿战争时代盔甲的感觉，这样即具备了它本身的造坐功能也产生了它很好的视觉效果

雕金花吊
精美的木屋吊顶是传统手工艺中的杰作，以它完美的曲线、细节给人以美的享受。

吧台效果图

书吧效果图

07 攀枝花市黄磷厂景观更新改造设计 01

作者：尹江苏
指导：姜龙

MEMORT AND RECYCLE 记忆与再生

攀枝花市黄磷厂景观更新改造设计

工业遗址改造景观设计

项目介绍

项目背景

攀枝花市是一座工业城市，黄磷厂建于1987年，曾经是攀枝花市重要的GDP带动因素之一，后因为多次发生爆炸事件，为攀枝花市民的生活环境造成了巨大的伤害，经过多年不断的努力，攀枝花市才于2007年下广方宣布停止黄磷的生产，得以还攀枝花人民一个良好的生活环境。厂区至也闲置近了10年。

区位

黄磷厂位于雅砻江畔，南临盐边县城，东北方为米易县城，西北方向为二滩国家森林公园，交通有德盐线。由于水库水淹没了部分厂区，此次方案规划设计的面积长约600米，最大宽度约为150米。

气候分析 Climate Anylise

攀枝花市的地理位置置于东经108°08″~102°15″，北纬26°05″~27°21″属于南亚热带至湿润气候。气候特征主要表现为气候干燥、炎热夏季长、温度日变化大、四季不分明，降雨少雨集中，年平均气温20.3度，无霜期达350天，全年日照时间长达2300—2700小时。

基地与周边

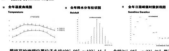

基地傍依在众山的环抱之中，面临坐于雅砻江之侧，看得见山，望得见水的自然环境，这为空间提供了更多机遇与挑战。

基地处仅有两条东向的单行道路，距离大面积的人群聚集地比较远，交通不是很方便，堵车情况比较严重。

黄磷厂的高度与道路相差较大，厂区内部也非常高差，部分已经被水淹没了，且水位较高，有时城淹没的厂区空间比较大，设计时必须考虑水位问题。

基地现状

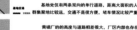

设备

1）黄磷厂因建筑的年代不算久远，厂房的主体产磷建筑、储磷磷库等建筑结构多究竟可用

2）污水处理厂那边的建筑墙体被腐蚀比较严重

3）建筑的开间跨度较大、生产的主体厂房的内部空间结构复杂、考虑到安全问题需要整合改造。

工业设备

场内留有大量的工业设备，如生产线输送管道、运磷车、储磷罐等，皆可精细修复，作为前项目要素之一。

景观环境

距离2007年至今厂房闲置了9年左右的时间，场地的土壤水资源等污染的情况得到了一定程度上的改善，野地野草等景观植物也在场地有所生长。

SWORT分析

strengths：

1. 旧厂房的建筑保留的根对完整，多不需要进行太多的作业，工业设备也多究竟可用
2. 场地内的土壤的生产生态力有了一个的恢复，污染的水质也有所改善。
3. 场地周边的自然环境风景较好，临水背山，场地的设计就比较自由。
4. 周边环境单纯，场地的塑造空间较大。

weakness：

1. 厂房地理位置单为偏，交通不便，没有直达的公车
2. 场地内的土壤、水质被污染较，需要进一步的进行生态恢复
3. 水库水位不稳定，对于滨水景观的设计有所制约

opportunities：

从全国来看，旧工厂的景观化改造正在被人们引起关注，且有了一定程度的发展：从攀枝花未来说，其正在力的推广和打造休闲旅游城市，利用工业改革进行休闲旅游的更新改造将是推进厂向城市向城市未来的发展。

threates：

一方面工业改革的景观化改造正在被人们引起关注，另一方面过度城市脱体城市的经济发展比较落后，城市要从工业旅游转型需要比较大的时间，技术和经济等方面间题的压力仍然比较大。

设计思路与方法

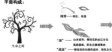

设计说明

设计指导思想：

"生态恢复，人与自然和谐共融；弘扬工业文化、传承工业文明"

设计目的：

1. 保护人创造的宝贵遗产，为游客和市民提供良好的休闲游玩场地，加强人与自然环境的互动。
2. 铭记城市的历史记忆，勾起建设者对时代发展的感怀
3. 普及工业知识，弘扬工业文明

设计原则：

1. 地域性原则：设计遵循场地的现状及历史文化，与城市肌理相呼应。
2. 生态性原则：强调生态环境的恢复和适应性，着重建立完整的生态环境，注重环境的可持续发展。
3. 功能性原则：适合游客游乐玩赏和参观。
4. 人性化原则：多考虑游赏者和游人群的的行为活动有所照顾；设置互动装置，增加参与人和环境的交流。
5. 经济性原则：充分的利用场地材料等进行回收利用，尽量做最好的改动，减少在修建以后期维护所需要花费的人力物力资源。

设计分析

交通流线分析

交通流线分析

景观节点分析

节点分析

功能分区分析

功能分区分析

景观轴线分析

景观轴线分析

景观视线分析

景观视线分析

植物的种植与分析

种植的总体特色

根据公园的设计目标和其原自然环境条件，在植物的设计选择上，尽量选择，生命力比较强的本土植物；其次种植和落磷污染的植物；最后，丰富景观的立面层次，种植不同层次的植物，营造丰富的立面和空间。

主要树种的选择

基调树种

基调树种体现了公园绿化取得整体效果，应选择适宜本地生长且能够适应场地初家的植物种，主要选择，攀枝花、黄山栾、芒果树、悟槐、水杉以及一些榕树类、针叶柏柏树。

骨干树种

道路、广场、水景等常用作用的温泉树、遮荫树、行道树、丛植树、其主要选择和彩图配，树干通直、冠幅较大的树种。主要多三角枫、五角枫、白榴、榉树、合欢、桂花、枳棋竹类等。

植物种植的组合例子：

疏林·花灌木	疏林·草地	疏林·草花

设计定位

A-服务对象

外地游客——外地游客想了解攀枝花文化，感受工业气息

本地居民——周末休闲好去去，留住等工业记忆，感受新环境

B-空间性质：公园

休闲 体验 生态 工业

设计目标

适合人体闲旅游，观察对周边环境对应区域人、环境、自然和谐共融

休闲 体验 设计目标 生态 工业 艺术

设计策略

旧工业元素 + 新生态景观 + 功能性的完善 = 生态、空间性能的实现

（工业 体验 生态 休闲）

攀枝花市黄磷厂景观更新改造设计 02

MEMORY AND RECYCLE 记忆与再生

攀枝花市黄磷厂景观更新改造设计

工业遗址改造景观设计

植物净化篇

■ 技术原理介绍

场地污染物主要表现为磷废渣等污染物，其净化方法主要采用界面沉淀法、吸附法、生物滤等方式。考虑其厂房空间宽度相对较大，且其磷废含量不大，其污染成本等个方面因素，本方案采取现代生物法，即是通过人工湿地的营造去建造完整的可持续的生态系统、净化场地的磷废污染。

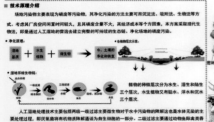

植物的种植层次分为水生、湿生和陆生三个层次。水生植物又有挺水、浮水和沉水三个层次。

人工湿地处理技术主要包括两级，一级过滤主要靠微生物对于水中污染物的降解达到是水体无染的主要处理过程，即双氧素将有机物质降解通过与自体细胞的一部分。二级过滤主要通过动物物种食类蓐草和有机植物，然后进行污水中污染物进行降解、吸收。

厂房原来的驳岸存在何问题

1）景观单一，植物种类也比较少，多是生长一些杂草。
2）没有很好的利用"水"这个好的景观元素，人亲近无法亲水，甚至很难接近水，也不容易做到。
3）垂直式的驳岸设计，冰冷的钢筋的设岸究竟了自然地平和。

解决问题的途径：
1）驳岸种植的适宜环境的亲水驳岸，依据水-陆-地的模式设计植物的富泽层次，增加植物的多样性，由于改善环境。
2）道路一侧种植乔木的植物，一方面考虑到驳岸夏阳遮荫的景致视线，另一方面是因为样接的阳光景观比较久，也可以为人游来避暑。
3）多种方式驳岸和亲水平台的设计。"融，无水不见"，人得的天性也是亲水的，本方案根据个段块水驳岸的具体情况，设计了几种形水模式，自然形成的驳岸设计、生的护驳，人们能够根据水位的情况选择行水的道路，也能够更好的使人们亲水，加强与环境的互动与交流。

• 亲水平台

根据临水库的坡度和想要的亲水效果本方案在亲水处建驳岸单的时候的设计中用了平台市的亲水平台设置，是续式亲水平台市的亲水线、自然式的生态亲水驳岸等形式。根地不同的驳岸形了，区通用不同的处理法，有了改善环境的同时也能够享人们亲水，加强与环境的互动与交流的邻保结的景观，也为临水山水的的更到了一定的作用。

建筑改造篇

• 垂直绿化

旧房设计保留下来的建筑多结构完好，故其设计改造是采取将室内外墙面做立体绿化，部分墙面从密度顶处理。一方面厂房大跨度空间、废旧的工业设备与软的的绿植相本相衔的工业建筑空间都有一处的的契合，另外方面能够提高生物的多样性，降低建筑运营能耗，延长建筑的使用寿命。

1）垂直绿化方式——模块式

用模块化构架来种植植物，通过这个单体构建的合理搭配和攀爬，将其固定在废旧的钢架上。

2）垂直绿化方式——攀附式植物
种植攀爬的植物其其他建筑物件上攀援生长

• 屋顶绿化

部分建筑及空间设计于屋顶绿化，更好的为游客提供休闲的空间环境。
其构造层以从依次为：

特色植物广场

b. 粗犷、随意的直线切割

简单的直线切割——丰富、随意且具有艺术性
材料 废旧的钢铁材料——历史、工业的记忆
有机玻璃——现代的技术
花草植物——生态、立体绿化

c. 工业管道

厂房原有遗留着大量的的就工业管道，精彩业理、如是上序、或有切割将提取作为可营造更好的空间，其具有丰富多变的艺术美观度，它能够很好得形成自的的体验更好体现工业风格和工业气息

工业文化设计体现

■ 空间元素的提取和运用

工业元素的提取的渗入到了景观空间的每个角落里，或是旧工业设备的放置，或是采用工业材料的或是工业元素的提取。

a. 工业的：米"字形

"米"字型为工业钢架是废旧的钢铁材料——历史、工业建筑等处常用的结构形状，在工业元素中极具代表性，方案就在设计上运用了米字型元素。

建筑现状
1）旧房设计保留下来的建筑大多结构相对完好，故不需要对其进行太多的干涉，应是留遗保留其原建筑结构。
2）其钢铁等工业设备杂乱，生锈，建筑外观也不够美观。
3）建筑开阔大，层高较高
4）工业设施的大量放置，使得其空间更为复杂。

改造的策略：
1）对于部分的建筑表面进行修复、处理，保留其混凝土的表面，以及一些钢铁的材料，加入玻璃等新材料
2）重新划分建筑内部空间，并根据相应的空间性系，对开进行装修上的改造。
3）垂直绿化。将建筑的室内外的体绿化，一方面也能够提高生物多样性，另一方面也保低建筑运营能耗，延长建筑的使用寿命。
4）小面积的屋顶花园的设计。
5）太阳能技术的入为到建筑上，充分的利用了攀枝花当地的太阳资源，约的不可再能源的消耗，保护环境

• 湿地密林

净化土地、空气及水里的工业污染物，丰富环境的生物多样性。

• 特色植物广场

特色植物广场，利用不规则的形态和线条去设计空间，不多修饰，自然随意，空间高低错落，高次丰富，植物种类丰绿。

• 阳光草坪

阳光草坪是游人休闲铺地的好空间，让游人带上食物从架下大树下都是交流的的去处。跌级草木林的设计是保护地形所留下的场地经过净化处理后流入将地面的雨水之乃水库。

• 观景平台

观景平台是观山观水、拍照的好节点。

阳光草坪效果图

儿童游乐区效果图

五彩大地的设计地面使用环保的PVC材料以便于儿童活动和嬉戏，红色的钢条是使用场地的废旧材料，加上红色的环保漆，上面有塑料的黄色树叶可能够引起儿童的好奇心，就是玩具也是坐具。五彩的地面也是迎合了儿童对于色彩的偏爱

• 工业建筑

游客服务中心效果图

工业休闲体验区

改造的宗旨
1）保留建筑框架结构，尽量维护建筑的原状，让人们能够记得起铭记忆化和工业的历史。
2）注入新的建筑的功能，整合空间内部，令其更好的和新置予的的闲性质相配合。
3）注重建筑与周边环境的关系，力求能够更好的与环境相融合。
4）保护建筑物，使其能够更久的屹立在那里。

旧厂房设计改造一方面是保留了厂房工业记忆和历史，另一方面将植物引入，旧混凝土以及钢材与设计加入的玻璃，能够很好的突出新旧的的延续与交融，等引起人们对过去工业生产时代与如今新环境的感叹与愉悦了。

攀枝花市黄磷厂景观更新改造设计 03

MEMORT AND RECYCLE 记忆与再生

攀枝花市黄磷厂景观更新改造设计

工业遗址改造景观设计

休闲

休闲是公园最基本也是最重要的功能，生态环保的理念和工业文化文脉都依附在这些挥件的形式里

入口广场：

公园入口以以前厂房的入口，方案将原来一个诞生产的空间改成游客休息的第一个节点，人们可以在这里稍事休息俯瞰一下公园的景观。停车场也设置在这边，为了防止空间的单调，其植物分为三个层次。第一层是精制蔬菜的果皮的地被，第二层种植有净化功能能力的灌木，第三层为冠幅较大的乔木植栽，以使为车辆等遮阳阳光。

钢板景墙：

公路是进入公园的主要通道，一侧的钢板挡土景墙，记录攀枝花黄磷厂的过去的经历，游客可以在这处这里俯瞰事今，在黄磷厂的时候真现地下了解到想土片土地的历史到过去，另一侧为特色造型的路灯。

闲廊漫游：

这是游客服务中心的一个休息休闲的好空间，其主要资源来厂房的建筑拆除，只保留了结构框架，在用用的土方来塑造做地形，赏造了一个很小私密的休闲聊天去处。

入口广场场效果图

钢板景墙效果图

彩虹高架长廊：

彩虹高架长廊是依据场地的地形需求所建造的，是公园内一条最靓丽的风景线，在设计上，其一方面把黄磷厂的废旧材料不多加处理，依旧显现其'旧'的表面，另一个方面其共设有七个小节点的休憩空间用七色的玻璃去拼贴装饰。重现出了新旧的对比，输入一种关于时代的冲击感

高瞰效果图

水净化展示效果图

彩虹高架长廊效果图

闲廊漫游效果图

林间散步空间效果图

体验

水净化展示区

水净化展示区设计是将原先的无水处理场位置，其建筑多破坏的比较严重，故将建筑拆除，保留原来的地基给予的污水处理广场，既是适合人们休闲的设计空间，也能够起剥教育意义，普及关于污水处理的知识，净化区域内的收割污染的水资源呼吁人们爱护生态，珍惜水资源。

休闲散步空间

休闲散步空间是将原来的仓库拆除墙体等清除结构之外的部分，并自由切割做了交通路线，将种植物输入到室内，一届的、有二层的联有一届和二层空间串联的，层次错落其室。空间中也有多个休息观赏的小节点，是人么放松休闲的好去处。

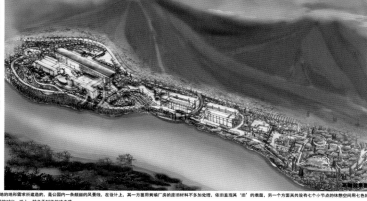

工业体验空间

为了能够更好地了解工业文化，更好的感受到工业气息，本方案特意设计了工业空间，这也是有别于于大多数公园的特点所在。

工业体验区得保分主要是就厂工业生产厂房的建筑空间，其空间原本存在的工业设备成为了很好的装饰、体验的元素。不规则的空间，奇特的造型等多留住进人驻足欣赏。内部还有一些工业设备焊接的有趣的雕塑，有效地增强了游人与空间的互动性，无形间将工业文化输入到游人的大脑里。

时光穿穿挑战效果图

互动性体验装置意向

记忆长廊

休闲散步空间平面分析

入口位置示意

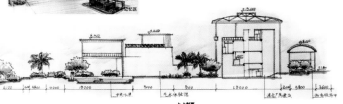

特色水景为公园里的第一个集散节点，水池为原有建筑拆除后留下的地基，注入水，其中设计安排了一条的只能容许一个人通过的窄小栈道，池中满了拆除出来的钢管，并将其刷成了五彩斑斓的色彩，艺术与工业气息浓厚很是有情调。
集散地周边布宜有自由流畅的景观墙，是整个空间得轻松灵动，墙面给有浮雕或墙内放置了旧工业物件，能够沉浸在工业文明的海洋里。

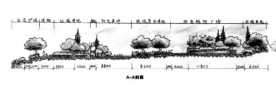

特色水景效果图

A—A剖面

b—b剖面

5.2 实际项目设计案例

01 攀枝花泰隆屋顶花园景观方案设计

设计单位：四川紫丁香园林绿化有限公司攀枝花分公司

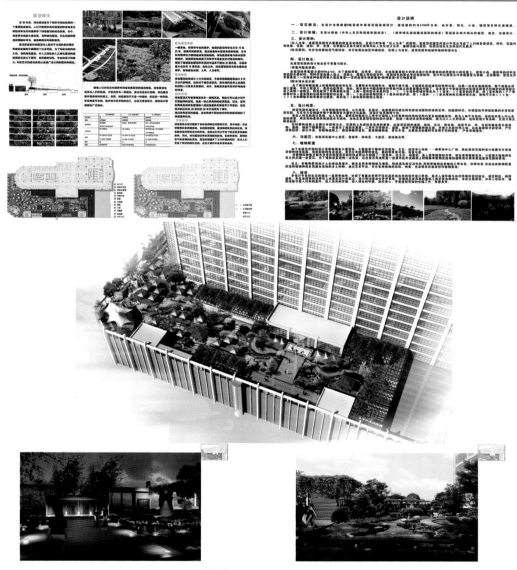

02 攀枝花蓝色花海主题园景观方案

设计单位：四川紫丁香园林绿化有限公司攀枝花分公司

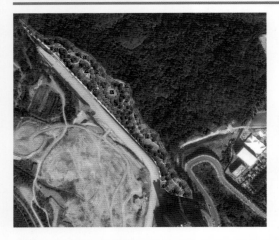

N

1 公园主入口
2 花林夹道
3 休闲平台
4 活动场地
5 景观汀步
6 公园次入口
7 高压线塔
8 眺望平台
9 林下休闲区
10 密植蓝花楹

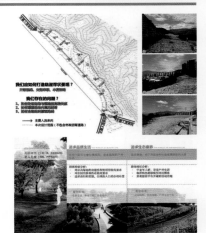

攀枝花天骄名城B区景观方案设计

设计单位：四川紫丁香园林绿化有限公司攀枝花分公司

一：景观主题：花色满园，碧海阳光
　　　　　　——享尽悠闲生活与亚热带浪漫风情

二：景观风格：亚热带风情

三：关键词：　自然　休闲　浪漫　原生态　神秘　意境

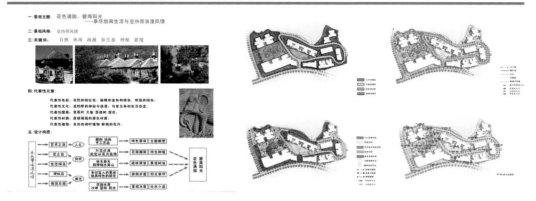

四：代表性元素：
　代表性色彩：浓烈的铬红色、绚烂的金色和银色、明亮的绿色；
　代表性文化：亚热带的神秘与浪漫；享受天争的生活态度；
　代表性图案：芭蕉叶 大象 菩提树 渡江；
　代表性材质：质感粗糙的原生材质；
　代表性植物：自然的阔叶植物 鲜艳的花卉。

五：设计构思：

1. 入口大门
2. 观景广场
3. 入口标示跌水
4. 入口广场
5. 散步道
6. 约会亭
7. 市政道路
8. 健身广场
9. 儿童休闲广场
10. 特色树池
11. 特色廊架
12. 城市简影主题墙
13. 打步
14. 建筑
15. 发呆桥
16. 地下停车场出入口
17. 住宅出入口
18. 休闲广场
19. 风情商业街
20. 幸福泉
21. 相守亭
22. 甜蜜岛
23. 幸福之源

04 攀枝花炳二区休闲公园景观方案设计

设计单位：四川紫丁香园林绿化有限公司攀枝花分公司

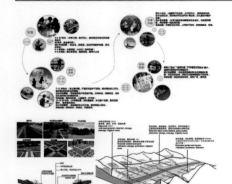

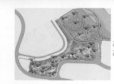

05 攀枝花五十四广场方案设计

设计单位：四川紫丁香园林绿化有限公司攀枝花分公司

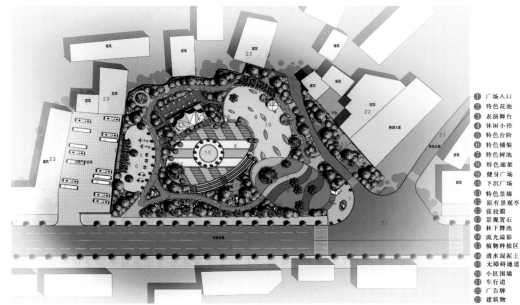

① 广场入口
② 特色花池
③ 表演舞台
④ 休闲小径
⑤ 特色台阶
⑥ 特色铺装
⑦ 特色树池
⑧ 特色廊架
⑨ 健身广场
⑩ 下沉广场
⑪ 特色景墙
⑫ 原有景观亭
⑬ 张拉膜
⑭ 景观置石
⑮ 林下舞池
⑯ 流光溢彩
⑰ 植物种植区
⑱ 透水混泥土
⑲ 无障碍通道
⑳ 小区围墙
㉑ 车行道
㉒ 广告牌
㉓ 建筑物

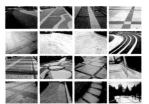

06 攀枝花仁和区联通街风貌改造方案设计

设计单位：四川紫丁香园林绿化有限公司攀枝花分公司

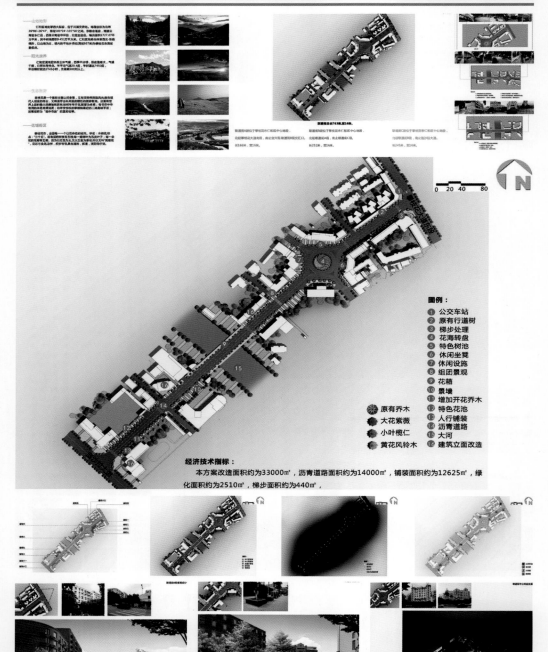

图例：
1. 公交车站
2. 原有行道树
3. 梯步处理
4. 花海转盘
5. 特色树池
6. 休闲坐凳
7. 休闲设施
8. 组团景观
9. 花箱
10. 景墙
11. 增加开花乔木
12. 特色花池
13. 人行铺装
14. 沥青道路
15. 大河
16. 建筑立面改造

原有乔木
大花紫薇
小叶榄仁
黄花风铃木

经济技术指标：
本方案改造面积约为33000㎡，沥青道路面积约为14000㎡，铺装面积约为12625㎡，绿化面积约为2510㎡，梯步面积约为440㎡，

攀枝花花城新区独松梁子生态修复治理项目设计

设计单位：四川紫丁香园林绿化有限公司攀枝花分公司

一、项目概况

二、项目修复建设及原则

设计理念

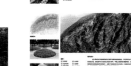
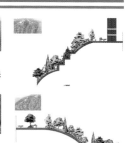

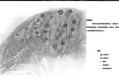

08 攀枝花阳城龙庭小区方案设计

设计单位：四川紫丁香园林绿化有限公司攀枝花分公司

09 攀枝花五十四广场方案设计

设计单位：四川紫丁香园林绿化有限公司攀枝花分公司

位于意大利的曼托瓦市，三面环水，自然景观优越。作为非物质文化城市，具有丰厚的文化底蕴。在进行滨水改造时，对整个城市进行了相关分析，以塔为元素打造一个景观高点。
建筑体之间形成连廊，形成视线廊道。在植物配备方面，结合当地气候，以不同时间季节的植物搭配，最后形成丰富的景观区域。

MASTERPLAN

VEGETATION

CONCEPT/DESIGN PROCESS

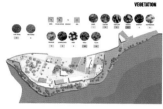
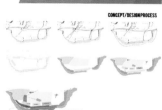

参考文献

［1］ 李开然. 景观设计[M]. 上海：上海人民美术出版社，2012.

［2］ 史明. 景观艺术设计[M]. 南昌：江西美术出版社，2008.

［3］ 约翰·西蒙兹，俞孔坚. 景观设计学[M]. 王志芳，孙鹏，译. 北京：中国建筑工业出版社，2000.

［4］ 檀文迪，霍艳虹，廉文山. 园林景观设计[M]. 北京：清华大学出版社，2014.

［5］ 周维权. 中国古典园林史[M]. 3版. 北京：清华大学出版社，1990.

［6］ 赵书彬. 中外园林史[M]. 北京：机械工业出版社，2008.

［7］ 汪菊渊. 中国古代园林史（上下卷）[M]. 2版. 北京：中国建筑工业出版社，2012.

［8］ 廖建军. 园林景观设计基础[M]. 2版. 长沙：湖南大学出版社，2011.

［9］ 李丽，刘朝晖. 园林景观设计手绘技法[M]. 北京：机械工业出版社，2011.

［10］马克辛，李科. 现代园林景观设计[M]. 北京：高等教育出版社，2008.

［11］刘福智. 园林景观规划与设计[M]. 北京：机械工业出版社，2007.

［12］肖笃宁. 景观生态学[M]. 2版. 北京：科学出版社，2010.

［13］郭会丁. 园林景观色彩设计初探[D]. 北京：北京林业大学，2005.

［14］王华青，马良，吉文丽. 论园林景观规划的主题与文化[J]. 西北林学院学报，2011（5）.

［15］刘欢昱子. 园林景观照明初探[D]. 北京：北京林业大学，2007.

［16］何东进，洪伟，胡海清. 景观生态学的基本理论及中国景观生态学的研究进展[J]. 江西农业大学学报，2003（2）.

［17］王亚军. 生态园林城市规划理论研究[D]. 南京：南京林业大学，2007.

［18］胡艳. 迈向生态园林城市的绿地系统规划与构建研究[D]. 合肥：安徽农业大学，2007.